一学就会的
棒针毛衣
KNIT SWEATER

张翠 主编 朴智贤 审编

辽宁科学技术出版社

·沈阳·

编　织：花儿飘雪　清风细细　自豪抹茶　舞衫歌扇　通通妈妈　一丝温柔　媒体监控　林海雪原　爱情冬季　夜雨含欣
　　　　　往事随风　女人如花　亲疏随缘　悠哉乐哉　兰天白云　旋转木马　羊绒编织　天使眼泪　回春妙手　哭泣的鱼
　　　　　乐玲丽　　夜猫子　　小笨笨　　猪猪妈　　忘忧草　　小魔仙　　陈可可　　荆棘林　　柯柯玛　　老红军
　　　　　梦睡了　　雪百合　　蓝精灵　　棉花糖　　平常心　　青苹果　　如果爱　　山羊绒　　钩针皇　　小肥羊
　　　　　小辣椒　　紫贝壳　　美洋洋　　自飞花　　灰姑娘　　红太狼　　清雁妈　　丽海棠　　cjz-yly　 wyxcat
　　　　　liwenhui　朗　琴　　田　蜜　　娜　佳　　夏　天　　漪　漪　　惜　缘　　乐　透　　驼　铃　　ioudan101
摄　影：魏玉明　陈健强
模　特：郭晓晨　陈　洁　舒　彤　南　南
制　作：张　翠　张燕华

图书在版编目（CIP）数据

一学就会的棒针毛衣 /张翠主编.——沈阳：辽宁科学技
术出版社，2012.1
　　ISBN 978-7-5381-7218-8

　　Ⅰ.①一… Ⅱ.张… Ⅲ.①女服—毛衣针—毛衣—编
织—图集 Ⅳ.①TS941.763.2—64

　　中国版本图书馆CIP数据核字（2012）第229472号

出版发行：辽宁科学技术出版社
　　　　　（地址：沈阳市和平区十一纬路29号 邮编：110003）
印　刷　者：深圳市建融印刷包装有限公司
经　销　者：各地新华书店
幅面尺寸：210mm×285mm
印　　张：13
字　　数：200千字
印　　数：1~10000
出版时间：2012年1月第1版
印刷时间：2012年1月第1次印刷
责任编辑：赵敏超
封面设计：幸琦琪
版式设计：幸琦琪
责任校对：徐　跃

书　　号：ISBN 978-7-5381-7218-8
定　　价：39.80元

联系电话：024—23284367
邮购热线：024—23284502
E-mail:473074036@qq.com
http://www.lnkj.com.cn
本书网址：www.lnkj.cn/uri.sh/7218

敬告读者：
本书采用兆信电码电话防伪系统，书后贴有防伪标签，全国统一防伪查询电
话16840315或8008907799（辽宁省内）

目录 CONTENTS

编织做法
P81

Latest Fashion Design

短袖修身长毛衣

修身的长款衣服，优雅大气。对于紧身的款式，短袖设计将会使人
看起来轻松简约，不会拖泥带水。

优雅短袖开衫

编织做法 P82

整件衣服线条明晰，设计简约，衣身上细密的花纹整齐地凸起，极富质感。

无袖开襟的款式，淡雅的颜色，外加一顶斜戴的小帽，时尚优雅之气尽显。

编织做法
P83

Latest Fashion Design

黑色优雅高领毛衣

黑色最显身材，尤其是高领套头的毛衣，穿上去更是将高贵典雅的气质展露无遗。

简洁的花样，流畅的款型，再搭配一条挂坠，显得潇洒大气，魅力不凡。

6

粉色淡雅小披肩 Latest Fashion Design

编织做法
P84

粉色的衣服总是给人一种秀美淡雅的感觉，披肩上对称编织不同的花样，精巧别致，穿着它更显娇美。

编织做法
P85

Latest Fashion Design

黑色深V领短袖衫

薄薄的短袖衫，穿起来轻便舒适，深V的领口周围缀上两排珠子，精致而时尚，再搭上一条挂坠就更完美了。

无袖长款的衣服，穿起来极其修身，而连帽的设计则使衣服充满青春动感。

编织做法
P86~87

Latest Fashion Design

白色长款无袖连帽衫

纽扣是两颗绒球，衣襟上也点缀了一些绒球，显得十分可爱。衣摆边呈波浪纹，更显轻盈灵动。

时尚
无袖开衫
Latest Fashion Design

艳丽
短袖开衫
Latest Fashion Design

编织做法
P89

编织做法
P88

艳丽的红色，耀眼夺目，短袖开衫的款式时尚亮丽，而前襟和后背两条扭花纹花样，则使沉静中富于变化。

短款的无袖开衫，穿起来很显气质，而领子呈扇形随意搭在肩上，充满了时尚气息。

编织做法
P90

Latest Fashion Design

无袖修身长毛衣

无袖的长款样式外加流畅的扭花纹，使整件衣服的修身效果特别突出，前襟只有一枚纽扣连接，时尚性感。

淡雅连帽外套 *Latest Fashion Design*

编织做法
P91~92

纯白的颜色，清新淡雅，前襟和衣兜一片凸起的花样，活泼动感，腰间一条系带，既起到束腰作用，又是一个很好的装饰。

端庄短袖小外套

编织做法
P93~94

咖啡色的小外套，穿起来端庄稳重，短袖的设计，又显得干脆利落，精致的扭花纹则使衣服不会因为颜色较暗而显得呆板。

编织做法
P95~96

时尚
偏襟大衣

Latest Fashion Design

暗红色的衣服看起来典雅大方，
而宽阔的领子和偏襟的设计更是时尚
与复古的完美结合。

清雅高领毛衣

编织做法
P97~98

一色的牙白清雅宜人，插肩高领设计使气质尽显，衣服线条流畅自然，同时不乏休闲随意。

衣领、袖口、下摆采用相同的竖纹，与衣身的花样区分开来，有层次感。同时，竖纹也使人看起来更加修长。

布满花纹的咖啡色衣身、深V的领子和收束的下摆，无一不是时尚性感的象征，而短袖设计较之长袖则显得更加干练，不拖沓。

编织做法
P99

性感蝙蝠衫 *Latest Fashion Design*

衣襟处的两枚纽扣，主要起到装饰的效果，如果再搭配一条挂坠，会显得更加时尚而有魅力。

无袖对襟小马甲

编织做法
P100

简单的无袖对襟款式，精致的花样，穿起来舒适随意，两排牛角扣，更显青春休闲。

编织做法
P101~102

Latest Fashion Design

粉色柔美长外套

修身的款式、粉嫩的颜色，以及袖子上明快的线条，一同烘托着女性的恬静和柔
美。衣身上一个个绒球如明珠般闪耀，衬托着穿者的非凡气质。

大气横纹披肩 *Latest Fashion Design*

编织做法
P103

从小到大、从窄到宽，一圈圈花纹荡漾开来，显得成熟大气，长长的流苏随风摇曳，极富美感。

咖啡色的披肩，可以给人端庄稳重的感觉，无论年轻时尚的女孩还是女孩的妈妈都可以尝试。

素雅休闲外套

编织做法
P104~105

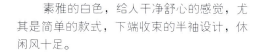

素雅的白色，给人干净舒心的感觉，尤其是简单的款式，下端收束的半袖设计，休闲风十足。

青春的路上，或站或走，手自然地插在衣兜里，轻松随意，谱写着青春专属的快乐。

淡粉色的衣服，穿起来显得温柔秀雅，简单的花样搭配长袖套头的款式，更是显得韵味十足。

编织做法
P106~107

Latest Fashion Design

秀雅长袖蝙蝠衫

长长的袖边与领子、下摆边采用相同的竖纹，自然协调。扎上皮带，显得时尚动感，不扎皮带，则是一件俏美的蝙蝠衫，不同的方法穿出不同的味道。

气质短袖开衫

编织做法
P108~109

领子与前襟一样的横纹，显得明朗自然，而宽阔的半袖，抬起时犹如披肩，个性十足。

领子可立可折，扣起三枚纽扣变成立领，顿时风度翩翩，大气潇洒，只扣第三枚纽扣时，领子便可折起，端庄典雅，魅力四射。

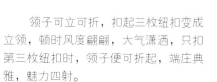

编织做法
P110

Latest Fashion Design

明朗长款毛衣

这是一件同款不同色的大衣，玫红温柔秀美，淡青潇洒大气。衣身上流线型的花样给人清新明朗的感觉，而长款的样式，极显气质。

编织做法
P111

Latest Fashion Design

明艳无袖长款毛衣

无袖长款的样式修身显瘦，简洁的圆领明快干练。这款衣服款式简单却效果不俗，简约大方又明艳动人。

因为是长款，所以扎上一条装饰腰带效果也会很不错，适合身材修长或想让自己显得修长的你穿着。

编织做法
P112

Latest Fashion Design

无袖扭花纹长大衣

　　无袖长款的样式，大气简约，衣身上的扭花纹设计使衣服看起来不会显得冗长拖沓，保持整件衣服和谐的美感。

粉色的小马甲秀气可爱，简洁明快的线条使衣服看起来更加精致，衣服可扣可不扣，衣襟散开更有一种随意潇洒的感觉。

编织做法
P113

毛领无袖小马甲

绒绒的毛领似乎是这款衣服的一大特色，它的存在给简单的款式带来了不一样的感觉，更好地诠释了青春的秀美和可爱。

雅致连帽小马甲

编织做法
P114

纯白的颜色看起来秀美淡雅，无袖连帽的款式轻便小巧，举手投足间带着一种自然休闲的味道。

衣服的镂空花样设计精巧，远看犹如一个个降落伞，而镂空部分形状也各异，有的呈心形，有的又像树叶，非常别致。

艳丽无袖小开衫

编织做法
P115

绚丽的玫红色明艳动人，而衣身上星罗棋布的小球则显得充满活力，轻盈跃动。

编织做法
P116

周正的短袖开衫款式加上浅咖啡的颜色极显气质。衣身的设计带有荷叶般层层叠叠的效果，看起来大方典雅，而宽大衣领上的横纹又与衣身花样相匹配，协调自然。

编织做法
P117~118

衣服分两部分，上半部是花儿的图案，显得清新自然，下半部扭花图案
线条明快，增强了层次感，腰间两道横纹环绕，带点收腰的效果。

Latest Fashion Design

帅气短袖小外套

编织做法
P119

低调的灰色帅气而不张扬，短袖瘦长的款式明显修身，拉链代替纽扣，使用方便且显得随意洒脱。

领子是两用的，将拉链拉到顶可做立领，帅不可当，将拉链拉下，可做折领，端庄大方。

编织做法
P120~121

Latest Fashion Design

秀雅长款大衣/大气长款大衣

这两款衣服款型相似，都属长款修身类型，区别只在颜色和衣身的花样，粉色显得秀雅柔美，青色则显得大气休闲。

红色象征热情和活力，在这青春如火的年龄，穿上这么一件艳丽夺目的大衣，可以想见该是多么漂亮，就像一道亮丽的风景线。

编织做法
P122~123

艳丽长款大衣

衣服的设计非常用心，胸片、衣兜、下摆都由不同的花样组成，层次分明，富有美感。

明艳蝴蝶披肩 *Latest Fashion Design*

编织做法
P124

火红的颜色映衬美丽的脸庞，更显娇艳动人，披肩的款型犹如一只蝴蝶，十分漂亮。

镂空的花样设计精巧，同时宽大的领子折下来，又像袖子一般，随意地搭在肩上，带有潇洒不羁的感觉。

编织做法
P125~126

优雅蝙蝠衫 *Latest Fashion Design*

看似简约的款式，淡雅的颜
色，却拥有非凡的气质，动静之
间，魅力无穷。

炫亮配色短袖衫

编织做法
P127~128

配色线的选择本身就胜过众多复杂的花样，简单之中，风光无限。

宽大的高领凸显时尚魅力，搭配一条挂坠，就可以轻松将美丽演绎得淋漓尽致。

干净的浅灰色配上长款的样式，简简单单也能完美诠释大气的含义。

编织做法
P129

Latest Fashion Design

大气长款半袖毛衣

简单搭配一条腰带，可以更好地突出修长的身材以及典雅的气质。

紫色代表成熟与优雅，而其层次分
明的花样更将这种成熟与沉闷区别开来，
沉稳而不失精致。

编织做法
P130

Latest Fashion Design

沉静蓝色披肩

蓝色更加适合肤色白皙的女性尝试，可以显得皮肤
更加白皙娇嫩，为美丽加分。

娴雅树叶纹披肩

编织做法
P131

衣身由多个硕大的树叶状花纹组成，极富个性，而袖边由小球连缀而成的流苏也显得与众不同。

低领的设计简单不拖沓，看起来更加活泼自然，而素雅的颜色适合大多数女性穿着。

纯白色的衣服给人的感觉干净淡雅，配上大方简约的款式，更显轻盈明快。

编织做法
P132

简约白色开衫

前襟只有两枚纽扣，简单随意，背面肩部采用横向花纹，设计独特而富有时尚美感。

Latest Fashion Design

时尚无袖长款开衫

这款衣服没有纽扣，休闲时自然散开显得极为拉风，也可以束一条腰带，显得优雅时尚。

冷色调往往更能给人时尚的感觉，尤其是显得肤色更加白皙，无袖长款的样式是修身显瘦的不二选择。

粉红佳人无袖开衫 *Latest Fashion Design*

编织做法
P86~87

粉红的颜色娇俏可
人，衣身上缀着的绒球更
增几分可爱味道，收腰的
设计和喇叭花状的下摆使
衣服看起来更加流畅。

秀雅长款毛衣/酷炫长款毛衣

淡雅的颜色首先使这款衣服看起来端庄大方，而修长的款型和束腰的系带则使穿者的身材显得更高挑。

编织做法
P136~137

编织做法
P134~135

同款异色的衣服给人的感觉完全不同，绚丽的紫色显得肤色更为白皙，气质更为冷艳，一副黑色墨镜，更是将这种炫酷的感觉发挥到极致。

衣服前襟和下摆的球状突起极富
质感，使这款衣服不会显得单调。

编织做法
P138~139

Latest Fashion Design

端庄长款毛衣

　　与前面两款毛衣均为同款不同色。咖啡色给人的感觉是端庄稳重，精致的花
样，使用一样的款型，仅是变换颜色即能展现完全不同的感觉，这件衣服不能不算
是经典了。

典雅半袖开衫

编织做法
P140

藏青色厚重而典雅，穿起来显得极有内涵，连襟的宽领随意地散开，彰显卓越的气质。

半袖的设计和袖子上的装饰口袋都极具个性，使这款衣服立刻脱颖而出，成为众人瞩目的焦点。

编织做法
P141~142

Latest Fashion Design

清新时尚针织衫

　　墨绿色的衣服在世俗的喧嚣中给人纯净安宁的感觉，低领套头的款式舒适方便，适合春秋季节穿着。

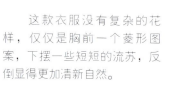

　　这款衣服没有复杂的花样，仅仅是胸前一个菱形图案，下摆一些短短的流苏，反倒显得更加清新自然。

编织做法
P143~144

Latest Fashion Design

短袖套头长毛衣

短袖套头的款式简约自然，扭花纹长款的样式流畅修身，
再搭配一条丝巾，温婉柔美之态尽显。

活力V领针织衫

编织做法
P145

草绿色显得充满活力，而V领
看起来则比较时尚性感，这款衣服
花样简单却实用，适合春夏之交穿
着。

古典对襟长毛衣

编织做法
P146~147

暗红色充满复古的感觉，而
长款对襟的样式更增古典韵味，
两个大衣兜则使衣服简单的纹路
看起来不会太过单调。

这款衣服没有设计纽扣，因为简单
扎上一条腰带，视觉效果将会更佳。

红色艳丽短裙 *Latest Fashion Design*

编织做法
P148

鲜艳的红色时尚靓丽，花样
简单而清新，些许白色的点缀看
起来更加明亮抢眼。

冷艳短袖开衫

编织做法
P149

黑色给人酷酷的感觉，而短袖开衫的款式使人看起来更加干练，再配一条黑色的项链、一副黑色墨镜，立即变身冷艳美人。

编织做法
P150~151

红色娇艳短袖衫

一色的大红，鲜艳夺目，花样繁多却不冗杂，处处可见其精妙的用心。一条白色的丝线缀在领下，十分特别。

V形的立领，为这份娇美增加了几分休闲的气质，同时可以修饰背部曲线，使身形看起来更加优美修长。

编织做法
P152

Latest Fashion Design

优雅大气披肩

青灰色低调却大气，再加上精美的花样和飘逸的流苏，穿上它不经意间便能透出优雅时尚的明星范儿。

神奇的配色线在指间轻盈飞舞，编
织出一幅幅充满艺术气息的抽象画，远看
似山，近看若水，灵动百变，一如风格多
变的女人，那种美，需要用心去感受。

编织做法
P153

Latest Fashion Design

简约配色长毛衣

无袖长款开衫，流畅修身，两枚牛角扣，自然随
意，而连帽的设计又带着轻松休闲风。

休闲连帽长毛衣 *Latest Fashion Design*

编织做法
P154~155

素雅的白色跃动着青春的气息，而休闲的款式则给予了这份青春的梦想一个释放自我的空间。

衣服的纽扣没必要完全扣好，随意一点也很不错，腰间的系带既保证了衣服的整齐，也让这份随意和洒脱能够充分展现。

秀雅可爱小开衫 *Latest Fashion Design*

编织做法
P156

毛茸茸的领子漂亮可爱，无袖开襟的款
式轻便舒适，只在衣服上部钉了两枚纽扣，
随意地扣起，阳光休闲。

衣身上的线条直线滑落，
明快柔顺，前长后短的衣摆个
性十足，衣边的波浪形钩边也
极为流畅自然。

编织做法
P157

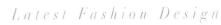
Latest Fashion Design

个性黑色无袖衫

黑色无袖连帽衫，短袖打底
T恤，黑色墨镜，为"个性"这个
词作了最好的注解。精巧紧致的
扭花纹则显得更加利落。

格点带帽披肩

编织做法
P158

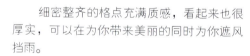

　　细密整齐的格点充满质感，看起来也很厚实，可以在为你带来美丽的同时为你遮风挡雨。

　　深色的披肩衬得肤色更为白皙，而连帽的设计则使披肩显得活泼一点，不会过于呆板。

编织做法
P159

无袖圆领针织衫

浅灰色干净素雅，
简约的圆领无袖设计，
穿着清爽舒适，衣摆的
花样犹如池塘中漾起的
水花，而衣身上的花样
就像是从水里生长出的
荷叶一样，清新自然而
生动逼真。

咖啡色端庄稳重，袖子和衣摆收束的效果看起来更加大方，V领的设计则显得大气而干练。

编织做法
P160~161

简约V领长袖针织衫 *Latest Fashion Design*

衣身上流线型的花样一气呵成，使衣服的款型看起来更加流畅自然，扎上一条腰带，顿显时尚动感。

秀雅短袖套头衫 *Latest Fashion Design*

编织做法
P162~163

干净的白色，清新淡雅，流线型的花样给人如水般灵动的感觉，开阔的半袖时尚个性，一条黑色腰带，可以让安静的白色"动"起来，同时起到完美的修身效果。

衣身上小球精巧可爱，下摆镂空
的花样如流动的水纹，清新动感。

编织做法
P166~167

Latest Fashion Design

清纯无袖开衫

　　干净的白色给人清纯素雅的感觉，无袖开衫的款式穿起来更像一只翩翩起舞
的蝴蝶，轻盈灵动。

编织做法
P164

淡雅两穿式
无袖衫

Latest Fashion Design

清新淡雅的小马甲，花样精致而
简约，衣服前后两面可以换着穿，自
由随意。

成熟短袖开衫 *Latest Fashion Design*

编织做法
P165

浅咖啡色的衣服看起来成熟稳重，领子与前襟、下摆同样的网格花样简洁精致，宽大的袖子又带点蝙蝠衫的感觉，气质不俗。

休闲无袖开衫

编织做法
P166~167

淡雅的颜色休闲风十足，同时偏长的款式又极显身材，它清凉无袖的款式和镂空的花样非常适合初夏季节穿着。

连帽的设计代替了领子，显出青春与活力，同时用两个系带绒球充当纽扣，又显得十分可爱。

长款紧身的针织衫，穿起来特别
显气质，尤其是收腰的设计，更显身
材修长。而短袖圆领的设计则使人看
起来格外温柔娴雅。

编织做法
P168

Latest Fashion Design

修身短袖圆领针织衫

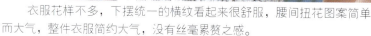

衣服花样不多，下摆统一的横纹看起来很舒服，腰间扭花图案简单
而大气，整件衣服简约大气，没有丝毫累赘之感。

编织做法
P169

秀雅粉蝶衫 *Latest Fashion Design*

淡淡的粉色，恰如女性的温柔秀雅，衣服上的花精巧别致，背后是一个枫叶图案，十分漂亮。

整件衣服看起来就像一只粉色的蝴蝶，轻盈飘逸，似在明媚的春日里尽情舞蹈，秀出自我。

编织做法
P170

Latest Fashion Design

蓝色端庄长款大衣

　　蓝色给人文静娴雅的感觉，而长款大衣本身就是最显气质的，这样天然的搭配，不需要华丽的花样，简单就很好。

　　穿的时候也可以扎上一条宽腰带，起到收腰的效果，以便让身材显得更加修长。

温暖长袖毛衣 *Latest Fashion Design*

编织做法
P171~172

细密的纹理穿起来温暖舒适，前襟密集的链状花样显得比较个性，两枚
纽扣分别缀在宽大的领子和前片上，起到装饰作用。

Latest Fashion Design

个性配色短袖开衫

衣服颜色渐变的横纹
设计个性十足，尤其是衣身
上的雪花图案非常特别，衣
袖、前襟、下摆统一采用黑
色的竖纹，大方得体。

深V的领子时尚性感，如果搭配一
条挂坠，效果更佳。

编织做法
P175~176

Latest Fashion Design

气质半袖对襟衫

衣服采用干净的灰色，非常显气质，简连帽开襟的款式轻松休闲，腰间一条系带装饰收腰，看起来更加时尚大气。

长款
半袖V领衫
Latest Fashion Design

典雅
长款毛衣
Latest Fashion Design

编织做法
P179~181

纯白的衣身大方典雅，统一的竖纹使衣服显得自然流畅，而袖边、领边的咖啡色毛边则为衣服增加了变化，避免一成不变之感。

编织做法
P177~178

简单的花样、流畅的款型，整件衣服于自然之中蕴藏美感，如若搭配一条长围巾，将使这种优雅的气质完美展现。

精致对襟小外套 *Latest Fashion Design*

编织做法
P182~183

低调淡雅的浅灰色小外套，给人轻松休闲的感觉，袖子流畅的竖纹和衣身的扭花竖纹又有一定的修身效果，绒领和绒衣边则更显气质。

雅致V领针织衫 *Latest Fashion Design*

编织做法
P184~185

衣身上部的竖纹清新
明快，下摆树叶状钩花精
巧雅致，两种截然不同的
花样将衣服一分为二，层
次鲜明。

清雅
短袖针织衫
Latest Fashion Design

喇叭袖
长毛衣
Latest Fashion Design

编织做法
P186~187

简约的款式非常实用，衣身上的扭花纹大方优雅，腰间的一点装饰立即使这件衣服变得与众不同。

编织做法
P188~189

衣身花样典雅大气，偏长的款式更加修身，袖口的设计则比较个性，犹如一个硕大的喇叭花，非常独特。

古典长袖针织衫

编织做法
P190~192

开阔的领子和下摆使衣服充满古典气息，胸前一圈链状花纹更易使人联想到古代娇俏的江南美女，一举一动都是那么温婉可人。

韩式半袖针织衫

整件衣服看起来带点韩版的风格，衣服上部由椭圆的花样连缀，精致大方，自胸部往下采用平织，简约自然。

编织做法
P193~194

性感V领长袖衫 *Latest Fashion Design*

编织做法
P195~196

端庄典雅的颜色，配上深V的翻领，成熟性感，极富风韵，紧身的设计显得更加妖娆，举手投足间光彩照人。

编织做法
P197~199

超个性短袖针织衫

衣服花样颇具动感，犹如海中的波浪连绵不绝，层层翻滚，十分逼真。领子装有三枚纽扣，可立可折，同样极具个性。

沉静
长款大衣
Latest Fashion Design

气质
长袖毛衣
Latest Fashion Design

编织做法
P203~204

衣服线条明快，袖边、领子和下摆的竖纹显得人精明干练，领子上特意安装的纽扣还可以让领子随意翻折或立起，简单方便。

编织做法
P200~202

长款大衣穿起来非常修身，腰间一条系带更能凸显修长的身材，咖啡色则使人显得沉静内敛，气质极佳。

成熟
对襟长大衣
Latest Fashion Design

大气
配色长裙
Latest Fashion Design

编织做法
P207~208

编织做法
P205~206

冷色系的配色线给人大气的感觉，而深浅分明的搭配极富层次感，宽大的高领颇显时尚气质，腰间一条系带不仅用来收腰，更是一种完美的装饰。

由棕色主打的配色线使人看起来成熟而富有风韵，紧身的长款大衣凸显傲人的身材，上面双排扣、下面单排扣的设计也颇具个性。

短袖修身长毛衣

【成品规格】衣长82cm，胸围68cm，肩宽32cm，
　　　　　　袖长9.5cm
【工　　具】6号棒针1副
【编织密度】（主要花型参考密度）28针×33行＝10cm²
【编织材料】灰色粗棉线500g

编织要点

1. 前片：起46针，织10cm花样A，然后织花样B，腰侧按图减针留腰线，织48cm后换织花样C，织8cm，然后按图留前领窝和袖隆。
2. 后片：起100针，织10cm花样A，然后织花样B，两侧

按图减针，织48cm后改织花样C，织8cm，然后按图留后领窝和袖隆。
3. 袖：袖起44针，织8行单罗纹，然后按图两侧减针，最后平收缝在衣服上。

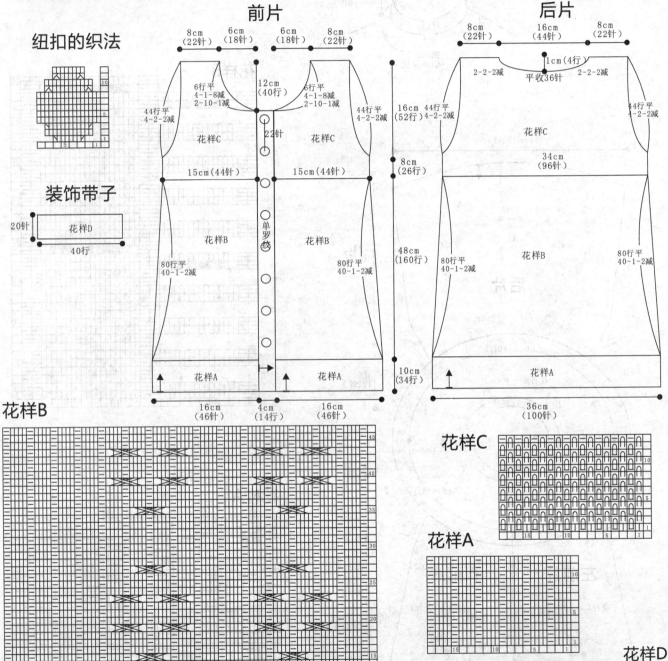

花样B

花样C

花样A

花样D

纽扣的织法

装饰带子

前片

后片

袖

优雅短袖开衫

【成品规格】衣长54cm，胸围70cm，肩宽42cm
【工　　具】6号棒针1副
【编织密度】（主要花型参考密度）14针×16行=10cm²
【编织材料】米色毛线400g

4cm(6行)

挑50针
织单罗纹

花样B

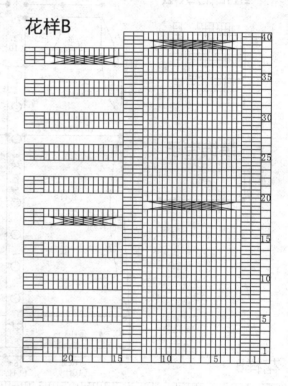

41cm(59针)

13针
上针

花样A　　花样A

后片

34cm
(54行)

2-1-3　　　　　　2-1-3

50cm(80行)

花样B →

双罗纹

16cm
(22针)

25cm(40行)　　25cm(40行)

4cm
(6行)

2-1-3　　　　　　2-1-3

16cm
(24针)

左前片　　右前片

花样A　上针　花样A　　花样A　上针　花样A

6行　　　　　　6行

34cm
(54行)

22cm(30针)　　22cm(30针)

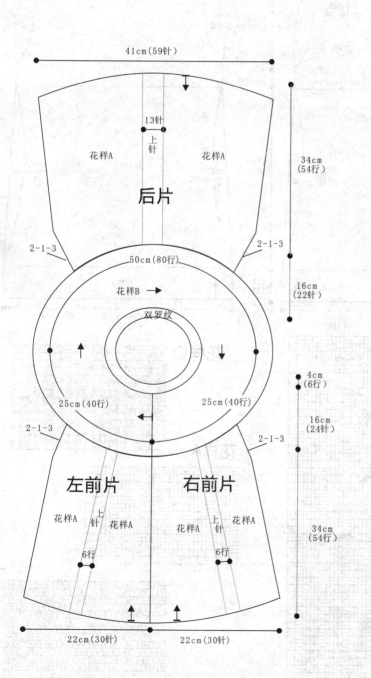

花样A

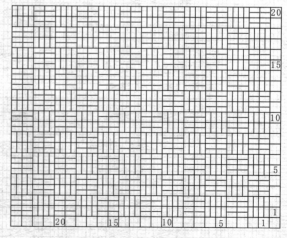

黑色优雅高领毛衣

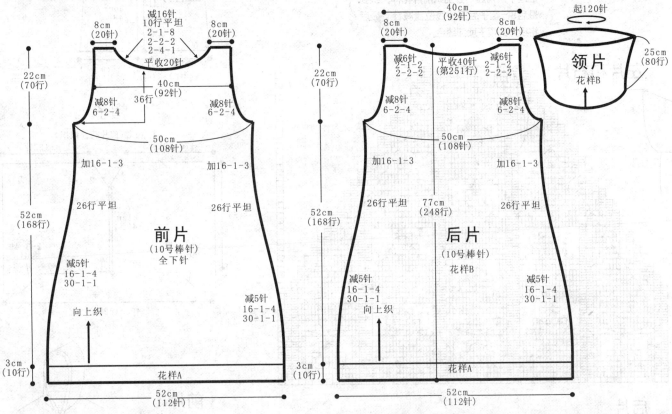

【成品规格】衣长77cm，胸宽50cm，肩宽40cm，袖长47.5cm，下摆宽52cm
【工　　具】10号棒针1副
【编织密度】21针×24行＝10cm²
【编织材料】黑色腈纶线700g

编织要点

1. 棒针编织法，由前片1片、后片1片、袖片2片、领片1片组成。从下往上织起。

2. 前片的编织。一片织成。

① 起针，单罗纹起针法，起112针，编织花样A单罗纹针，不加减针，织10行的高度。

② 袖隆以下的编织。第11行起，全织下针，两侧进行加减针编织，先织30行时减1针，减1次，然后每织16行减1针，减4次，两边各减掉5针，然后不加减针再织26行后，进行加针，每织16行加1针，加3次，织成178行的衣身高度，至袖隆。

③ 袖隆以上的编织。第179行时，两侧同时收针，每织6行减2针，共减4次，然后不加减针往上织，织成袖隆算起的36行时，进行领边减针，织片中间平收掉20针，然后两边每织2行减4针，共减1次，然后每织2行减2针，共减2次，再织2行减1针，减8次。织成22行，再织10行后，至肩部，余下20针，收针断线。

3. 后片的编织。单罗纹起针法，起112针，编织花样A单罗纹针，不加减针，织10行的高度。然后第11行起，全织下针，两

侧缝进行加减针变化，织法与前片完全相同，不再重复说明，织成168行的高度，至袖隆，然后袖隆起减针，方法与前片相同。袖隆以上织成62行时，进行后衣领减针，中间收针40针，两边相反方向减针，先织2行减2针，减2次，然后每织2行减1针，减2次，两肩部余下20针，收针断线。

4. 袖片的编织。袖片从袖口起织，单罗纹起针法，起44针，编织花样A单罗纹针，不加减针，往上织10行的高度。第11行起，全织下针，每织10行加1针，共加8次，织成80行，再织10行后至袖山。下一行起进行袖山减针，两边同时收针，每织2行减2针，共减8针，织成16行，最后余下28针，收针断线。用相同的方法去编织另一袖片。

5. 拼接，将前片的侧缝与后片的侧缝对应缝合，将前后片的肩部对应缝合；再将两袖片的袖山边线与衣身的袖隆边线对应缝合。

6. 领片的编织。用10号棒针织，沿着前后领边，挑出120针，起织花样B双罗纹针，不加减针织80行的高度，将衣领外翻，衣服完成。

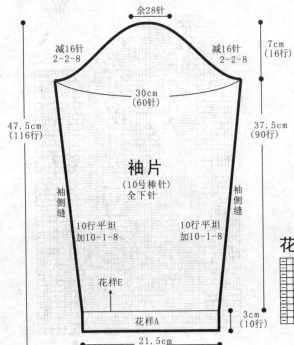

前片
(10号棒针)
全下针

8cm(20针)　减16针 10行平坦 2-1-8 2-2-4 2-4-1 平收20针　8cm(20针)
22cm(70行)
减8针 6-2-4　36行　40cm(92针)　减8针 6-2-4
50cm(108针)
加16-1-3　加16-1-3
26行平坦　26行平坦
52cm(168行)
减5针 16-1-4 30-1-1　向上织　减5针 16-1-4 30-1-1
3cm(10行)　花样A
52cm(112针)

后片
(10号棒针)
花样B

40cm(92针)　起120针
8cm(20针)　8cm(20针)
22cm(70行)
减6针 2-1-2 2-2-2　平收40针(第251行)　减6针 2-1-2 2-2-2
减8针 6-2-4　减8针 6-2-4
50cm(108针)
加16-1-3　加16-1-3
26行平坦　77cm(248行)　26行平坦
52cm(168行)
减5针 16-1-4 30-1-1　向上织　减5针 16-1-4 30-1-1
3cm(10行)　花样A
52cm(112针)

领片
花样B
25cm(80行)

袖片
(10号棒针)
全下针

余28针
减16针 2-2-8　减16针 2-2-8　7cm(16行)
30cm(60针)
47.5cm(116行)　37.5cm(90行)
袖侧缝　袖侧缝
10行平坦 加10-1-8　10行平坦 加10-1-8
花样E
花样A　3cm(10行)
21.5cm(44针)

花样A（单罗纹）

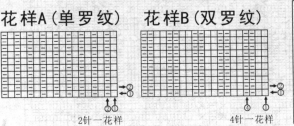

2针一花样

花样B（双罗纹）

4针一花样

符号说明：

符号	说明
□	上针
□=□	下针
2-1-3	行-针-次
↑	编织方向

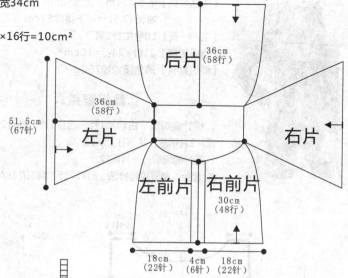

粉色淡雅小披肩

【成品规格】衣长40cm，胸围72cm，肩宽34cm
【工　具】6号棒针1副
【编织密度】（主要花型参考密度）13针×16行=10cm²
【编织材料】粉色粗毛线500g

编织要点

1. 衣身：前后片以及左右片共起241针，折回织，各部分分别按图解排列，按图逐渐减针。前片按图留领窝。

2. 帽子：在领口分别挑6针，按图加针顺序编织边，在衣片上挑针，最后全部挑起，织两边，分别织前片花样。织到最后8行帽子后面中线位置减针，最后将织好的帽子顶部缝合。

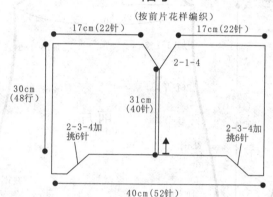

帽子
（按前片花样编织）

左片和右片

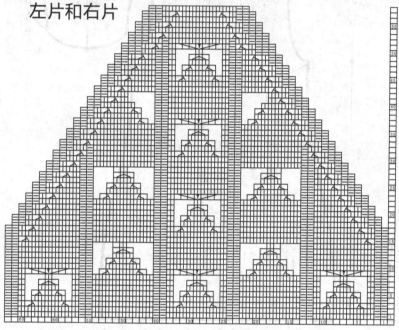

后片

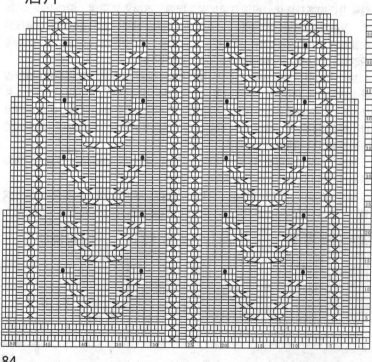

前片

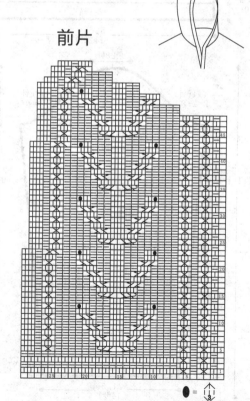

84

黑色深V领短袖衫

【成品规格】衣长67cm，胸围90cm
【工　　具】8号棒针1副
【编织密度】（主要花型参考密度）18针×28行＝10cm²
【编织材料】黑色中粗毛线500g

编织要点

1. 前片：起70针，织20cm单罗纹，然后中间留18针，两侧分别按图编织。
2. 后片：后片起70针，织20cm单罗纹，然后按图编织。
3. 袖：将衣片缝合后挑袖，袖口挑48针，腋下两侧每6行减一针，减2次，平织6行收针。
4. 领子：另起18针，按花样图编织110cm长缝在领口上。

前片

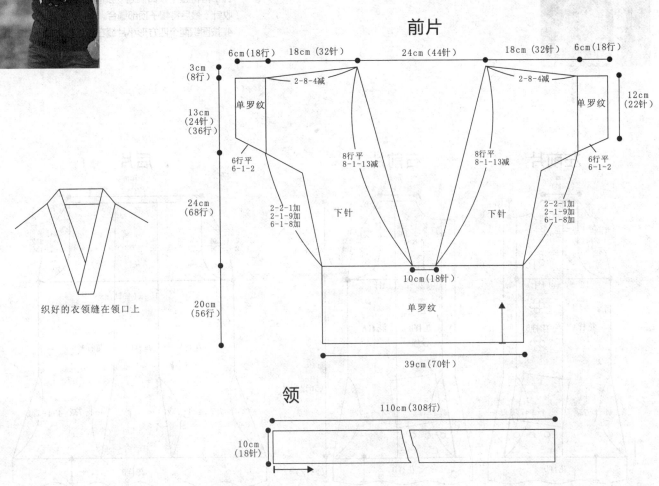

织好的衣领缝在领口上

领

后片

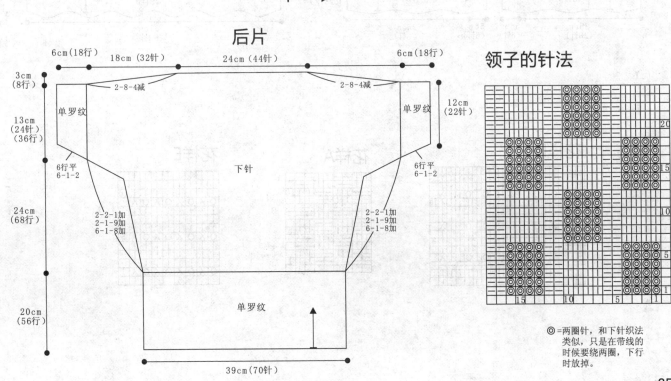

领子的针法

◎＝两圈针，和下针织法类似，只是在带线的时候要绕两圈，下行时放掉。

85

白色长款无袖连帽衫

【成品规格】衣长69cm，胸围70cm，肩宽30cm
【工　　具】6号棒针1副
【编织密度】（主要花型参考密度）11针×14行=10cm²
【编织材料】白色粗毛线500g

编织要点

1. 前片：起34针，织10cm花样D，然后内侧靠门襟的6针织花样A为衣边，其他织花样B和花样A，按图减针，以及留袖窿和领窝。
2. 后片：后片起68针织10cm花样D，然后中间织花样C，两侧织花样A，按图减针以及留袖窿和后领窝。
3. 帽子：分别挑起两侧衣边上的6针，然后按图加针，再将整个领口挑起，按图示花样编织，按图减针收针，最后将帽子顶部缝合。
4. 按图织两个四方形小片缝在衣服相应位子做衣兜。

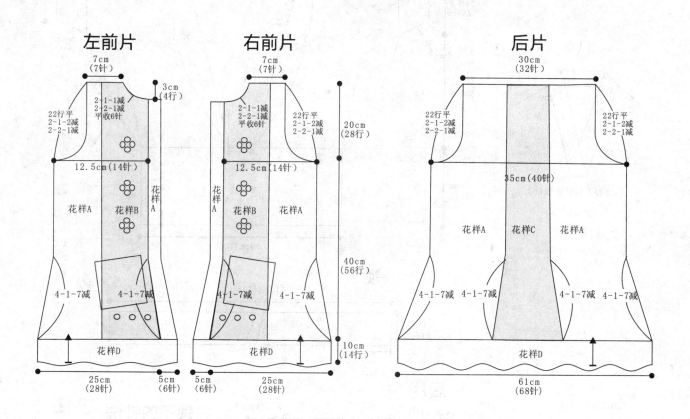

左前片

右前片

后片

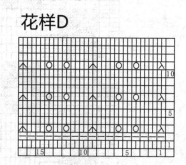

花样D

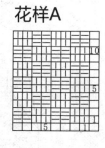

花样A

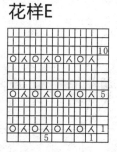

花样E

花样C

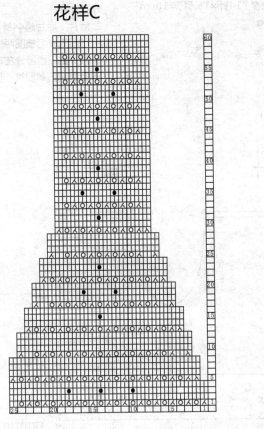

花样B

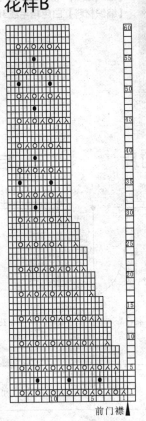

前门襟▲

花样F

帽子

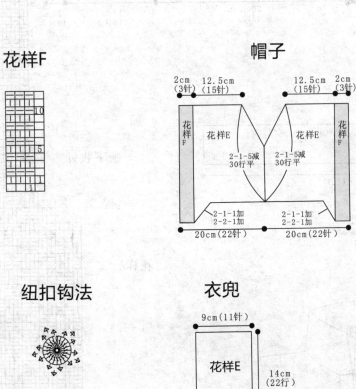

纽扣钩法

● = 🕭

衣兜

时尚无袖开衫

【成品规格】衣长40cm，胸围60cm，肩宽23cm
【工　　具】7号棒针1副
【编织密度】（主要花型参考密度）14针×15.5行=10cm²
【编织材料】白色粗毛线300g

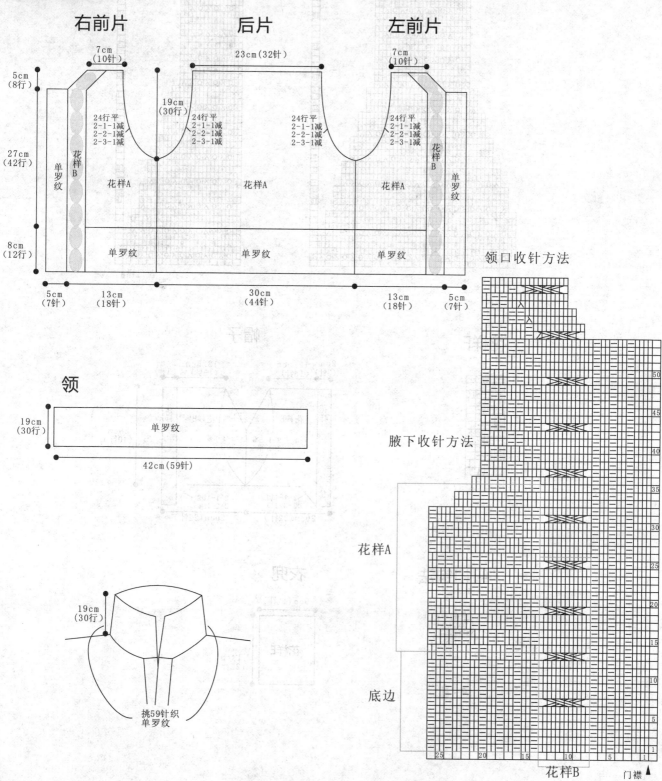

右前片　　后片　　左前片

7cm(10针)　23cm(32针)　7cm(10针)

5cm(8行)

19cm(30行)

24行平
2-1-1减
2-2-1减
2-3-1减

27cm(42行)

单罗纹　花样B　花样A　花样A　花样A　花样B　单罗纹

8cm(12行)

单罗纹　单罗纹　单罗纹

5cm(7针)　13cm(18针)　30cm(44针)　13cm(18针)　5cm(7针)

领

19cm(30行)　单罗纹

42cm(59针)

挑59针织单罗纹

领口收针方法

腋下收针方法

花样A

底边

花样B

门襟

艳丽短袖开衫

【成品规格】衣长39cm，半胸围32cm，插肩连袖长13cm
【工　　具】10号棒针1副
【编织密度】19针×28行=10cm²
【编织材料】红色棉线共400g

1. 棒针编织法，从上往下织，织至袖窿以下，分出两个衣袖，前后身片连起来编织完成。

2. 衣领起织，单罗纹针起针法，起81针，起织花样A，共织16行，接着编织衣身。

3. 衣身为花样B与花样C组合编织，组合方法见结构图所示。将织片分为左前片、左袖片、后片、右袖片、右前片五部分，针数分别为11+17+25+17+11针，五织片接缝处为四条插肩缝，第1行起织左右前片各1针，左右袖片及后片的59针，共61针，一边挑织右前片的针眼，挑加方法为2-2-5，织12行后，不加减针往下编织，起织同时一边织一边在插肩缝两侧加针，详细方法见图解所示，加2-1-14，织至28行，织片变为193针，左右袖片各留起45针不织，将左前片、后片、右前片连起来编织衣身。

4. 分配前后片的针数到棒针上，先织左前片25针，完成后加起8针，然后织后片53针，再加起8针，最后织右前片25针，往返编织，织62行的高度，织片全部改织花样A，织10行后，收针断线。

5. 编织袖片，分配袖片的45针到棒针上，袖底挑起8针环织，织4行后，改织花样A，织6行，收针断线。同样的方法编织另一袖片。

6. 编织衣襟，沿左右前片衣襟及衣领侧分别挑针起织，挑起63针编织花样A，织8行后，收针断线。

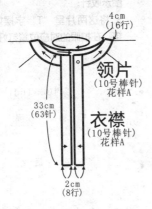

领片
(10号棒针)
花样A

衣襟
(10号棒针)
花样A

4cm
(16行)

33cm
(63针)

2cm
(8行)

符号说明：

□	上针
□=回	下针
2-1-3	行-针-次
回	右加针
回	左加针
回回回回	右上3针与左下3针交叉
回回回回	左上3针与右下3针交叉

花样C

花样A　　花样B

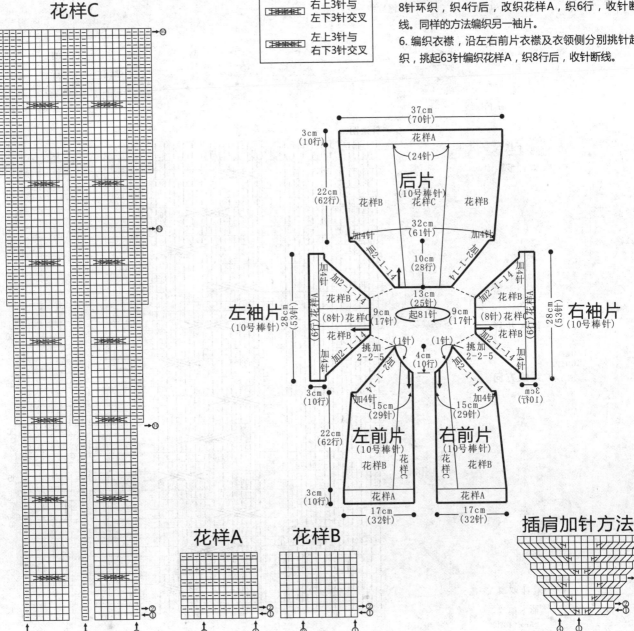

插肩加针方法

无袖修身长毛衣

【成品规格】详见结构图
【工　具】5mm棒针2枚
【编织密度】16针×20行=10cm²
【编织材料】100%羊毛线500g，纽扣1枚

符号说明：

□=□	上针
回	下针
⊙	扣子
┃	扣眼
	右上3针与左下3针交叉
	左上3针与右下3针交叉

拼接方位图：

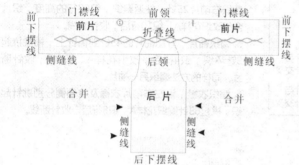

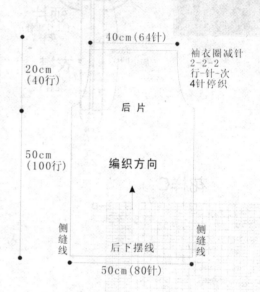

40cm（64针）
20cm（40行）
袖衣圈减针
2-2-2
行-针-次
4针停织
后片
50cm（100行）
编织方向
侧缝线
侧缝线
后下摆线
50cm（80针）

针法图：

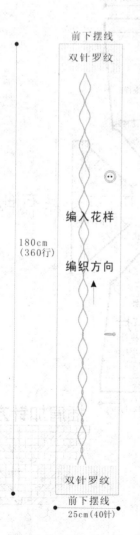

前下摆线
双针罗纹
编入花样
编织方向
180cm（360行）
双针罗纹
前下摆线
25cm（40针）

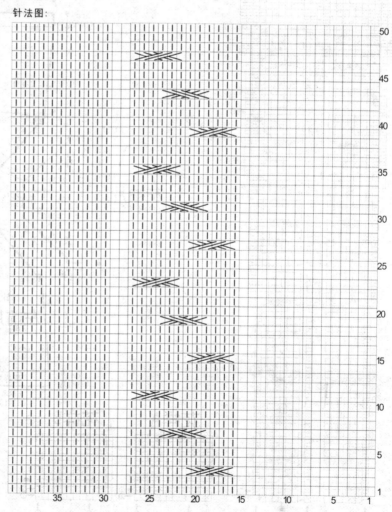

淡雅连帽外套

【成品规格】衣长71cm，胸围84cm，袖长59cm，肩宽38cm

【工　　具】7号棒针1副

【编织密度】（主要花型参考密度）17针×18.5行＝10cm²

【编织材料】白色粗毛线1200g

编织要点

1. 前片：起41针，门襟留5针织衣边，其他部分织6行单罗纹，然后织25cm下针，再改织花样A，衣腰侧按图解留腰线，按图留袖窿领窝。

2. 后片：后片起74针织6行双罗纹，然后织下针，织25cm后换织花样B，按图两侧收针，留袖窿以及后领窝。

3. 袖：袖起30针，袖口织双罗纹，袖中央织花样B，两边织下针，袖两侧按图加针，最后按图示织袖山。

4. 帽子：衣片缝合后在领窝挑帽子，共挑58针，帽边5针接着门襟的边上的花样织，其他部分织花样D，织30cm高平收，帽顶缝合。

5. 衣兜：起25针，织花样C，织16行平收12针，再织14行收针，缝在衣服相应位子上。

6. 腰带：织一条宽5cm、长150cm腰带系在腰间。

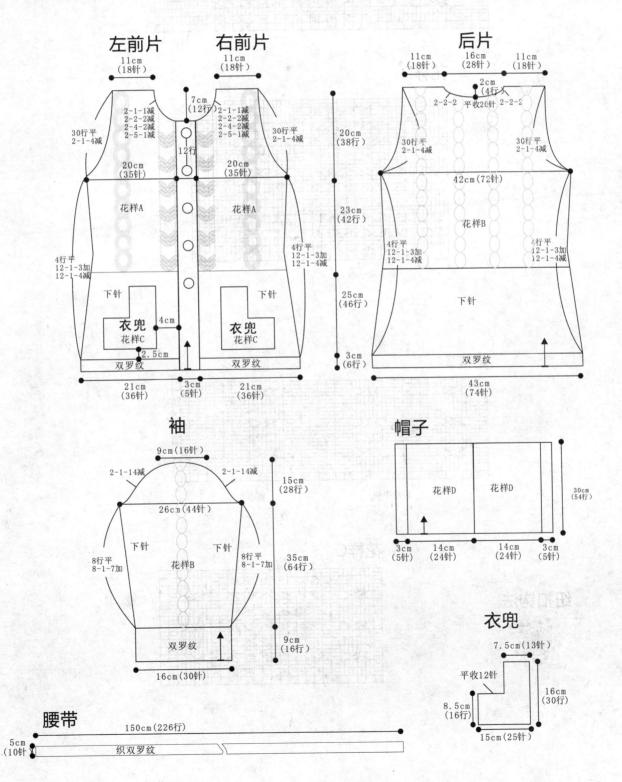

花样A

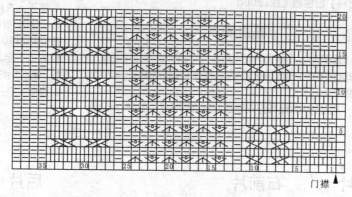

门襟 ▲

花样D

帽边

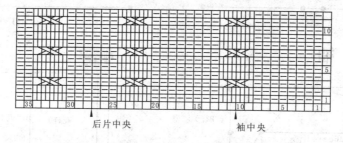

▲ 帽子后中心

花样B

后片中央　　　　　袖中央

花样C

纽扣钩法

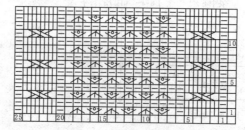

端庄短袖小外套

【成品规格】衣长42cm，半胸围37cm，肩连袖长22cm
【工　　具】12号棒针1副
【编织密度】（主要花型参考密度）26针×29行＝10cm²
【编织材料】咖啡色棉线共350g

前片/后片编织要点

1. 棒针编织法，衣身片分为左前片、右前片和后片，分别编织，完成后与袖片缝合而成。

2. 起织后片，起96针，起织花样A，织38行，从第39行起，改织花样B，织至68行，第69行织片左右两侧各收4针，然后减针织成插肩袖隆，方法为2-1-28，织至124行，织片余下32针，收针断线。

3. 起织左前片，起42针，起织花样A，织38行，从第39行起，改织花样C，织至68行，第69行织片左侧收4针，然后减针织成插肩袖隆，方法为2-1-22，织至104行，织片右侧收7针，然后减针织成前领，方法为2-2-4，织至112行，余下1针，收针断线。

4. 将前片与后片的侧缝缝合。

5. 编织2片口袋片及口袋盖片，完成后按结构图所示缝合于左右前片。起织口袋片，起22针，织花样C，织20行后，改织花样A，织至32行，收针断线。另起织编织口袋盖片，起22针，编织花样A，织12行后，收针断线。

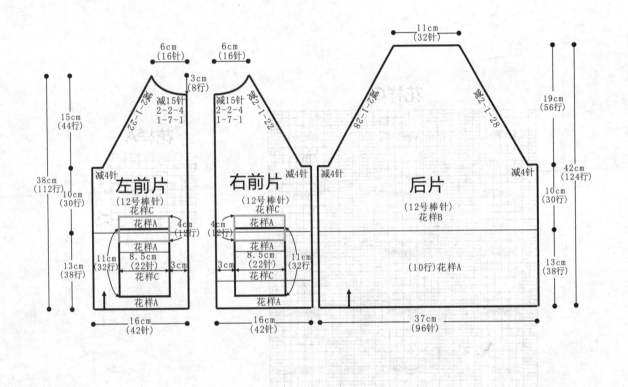

符号说明：

□	上针
□=□	下针
2-1-3	行-针-次
⬛⬛⬛	右上3针与左下3针交叉

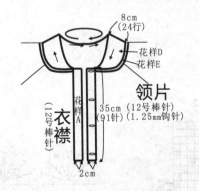

领片编织要点

1. 棒针编织法，往返编织。

2. 沿领口边沿挑起84针织花样D，织12行后，第13行起一边织一边两侧减针，方法为2-1-6，织至24行，收针断线。

3. 沿领片边沿钩织一圈花样E作为衣领花边。

4. 衣领编织完成后挑织衣襟。沿左右前片衣襟侧分别挑针起织，挑起91针编织花样A，织16行后，收针断线。注意在右侧衣襟均匀制作4个扣眼，方法是在一行收起两针，在下一行重起这两针，形成一个眼。

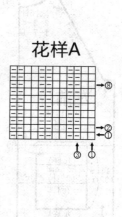

袖片
（12号棒针）
花样C

4cm
（10针）

减2-1-22

15cm
（44行）

22cm
（64行）

减4针   24cm   减4针
（62针）

3cm
（8行）

4cm
（12行）

花样A

24cm
（62针）

袖片编织要点

1. 棒针编织法，编织两片袖片。左袖片与右袖片方法相同，从袖口起织。

2. 双罗纹针起针法，起62针，织花样A，织12行后，第13行起，改织花样C，织至20行，两侧各收针4针，然后减针织成插肩袖山，方法为2-1-22，织至64行，织片余下10针，收针断线。

3. 同样的方法编织另一袖片。

4. 将两袖侧缝对应缝合，再将插肩线对应衣身插肩缝合。

花样C

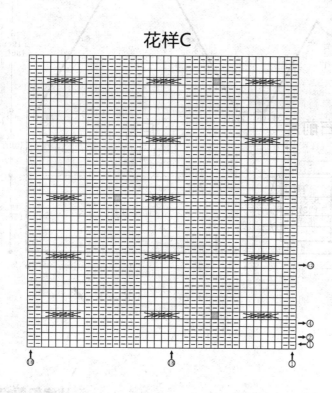

花样A

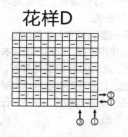

花样D

花样B

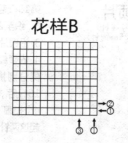

花样E
（衣襟花边）

时尚偏襟大衣

【成品规格】衣长82cm，胸围97cm，背肩宽38cm，袖长60.5cm

【工　　具】2.75mm棒针4枚

【编织密度】26针×32行=10cm²

【编织材料】红色羊毛线750g

编织要点

前片、袖片为左右两片，后片为一片。

1.按结构图先织后面单元片。编织方向为从下往上，起126针，采用花样编织，要注意按图上标示的针法按图示减针，到合适高度后收出袖窿线，最后在离衣长1.5mm处开始收后领。将两侧肩线的针穿好，待和前片合并时再用。

2. 织前片，起62针加8针（门襟边）和后面一样往上织，采用花样编织，要注意按图上标示的针法按图示减针，到合适高度后收出袖窿线，要注意在另一边门襟侧按图示收出前领来。

3. 织袖子，起75针往上织，同时要注意在两侧袖下线处按图示加针，到袖壮线处开始按结构图收出袖山来。

4. 先缝合两侧肩缝，然后装袖子。

5. 在前领偏两侧的门襟上部按相关图示挑出针来横向编织双针罗纹的衣领，到合适高度收针。

6. 按结构图织好腰带和口袋，装在合适位置上。

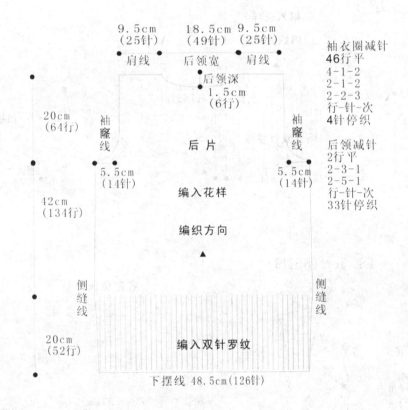

9.5cm（25针）肩线　18.5cm（49针）后领宽　9.5cm（25针）肩线

后领深 1.5cm（6行）

20cm（64行）　袖窿线　　袖窿线

后片

5.5cm（14针）　编入花样　　5.5cm（14针）

42cm（134行）　编织方向 ▲

侧缝线　　侧缝线

20cm（52行）　编入双针罗纹

下摆线 48.5cm（126针）

袖衣圈减针
46行平
4-1-2
2-1-2
2-2-3
行-针-次
4针停织

后领减针
2行平
2-3-1
2-5-1
行-针-次
33针停织

符号说明：

□　　上针

□=① 下针

6cm（16针）　编织方向 ▶　腰带（2条）编入单针罗纹

80cm（256行）

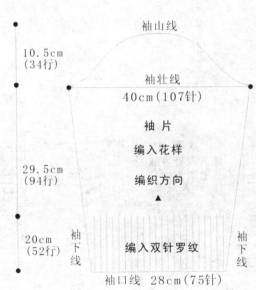

袖山线

10.5cm（34行）

袖壮线 40cm（107针）

袖片 编入花样 编织方向 ▲

29.5cm（94行）

20cm（52行）　袖下线　　编入双针罗纹　　袖下线

袖口线 28cm（75针）

袖山减针
平收25针
2行平
2-2-3
2-1-1
2-2-2
2-3-1
2-2-1
2-3-3
2-2-1
2-3-1
2-2-2
2-3-2
行-针-次
3针停织

袖下加针
8行平
8-1-13
10-1-3
行-针-次

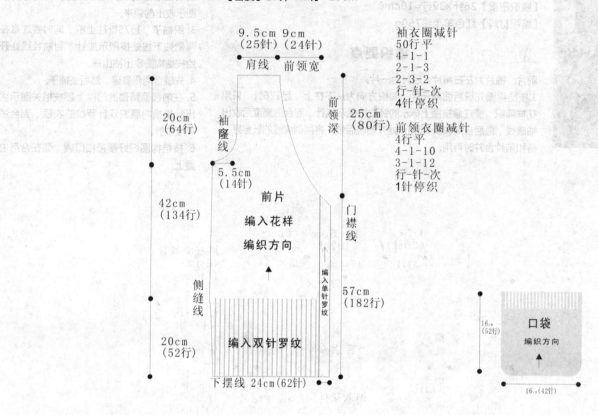

【密度】26针×32行＝10cm²

9.5cm 9cm
（25针）（24针）

肩线　前领宽

袖衣圈减针
50行平
4-1-1
2-1-3
2-3-2
行-针-次
4针停织

前领衣圈减针
4行平
4-1-10
3-1-12
行-针-次
1针停织

袖
窿
线

20cm
（64行）

前领深

25cm
（80行）

42cm
（134行）

5.5cm
（14针）

前片
编入花样
编织方向
↑

门襟线

57cm
（182行）

侧缝线

编入单针罗纹

编入双针罗纹

20cm
（52行）

下摆线 24cm（62针）

16cm
（52行）

口袋
编织方向
↑

16cm（42针）

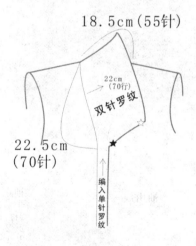

18.5cm（55针）

22cm
（70行）→

双针罗纹

22.5cm
（70针）

编入单针罗纹

各部位挑针数

18.5cm（55针）

22.5cm
（70行）

双针罗纹

57cm
（182行）

编入单针罗纹

22cm
（70行）

衣领
编入双针罗纹
编织方向
▲

63.5cm（165针）

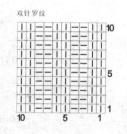

双针罗纹

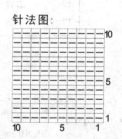

针法图:

清雅高领毛衣

【成品规格】衣长60cm，胸围104cm，肩加袖长55cm
【工　　具】3mm棒针4枚
【编织密度】26针×32行=10cm²
【编织材料】白色中粗羊毛线750g

编织要点

1. 织后片，按花样针法图从下往上织，起140针，按结构图在腋下加针，然后加出袖片，至袖口高度的合适长度后再在肩线处减针，并注意在后领正中间要收针，留出后领。

2. 开始织前片，按花样针法图从下往上织，起140针，按结构图在腋

下加针，然后加出袖片，至袖口高度的合适长度后再在肩线处减针，并注意在后领正中间要收针，留出后领。

3. 再织前、后片的上半部分，从前领下部起136针往上编织，注意按图示在前领肩线处的两侧减针，到合适高度后结束平收针。然后再织另一个后片的上半部分，前、后片织好后，分别连接两侧侧缝，并和前、后片肩线位置合并。

4. 横向圈织左右袖口。并和衣服主体部分连接好。

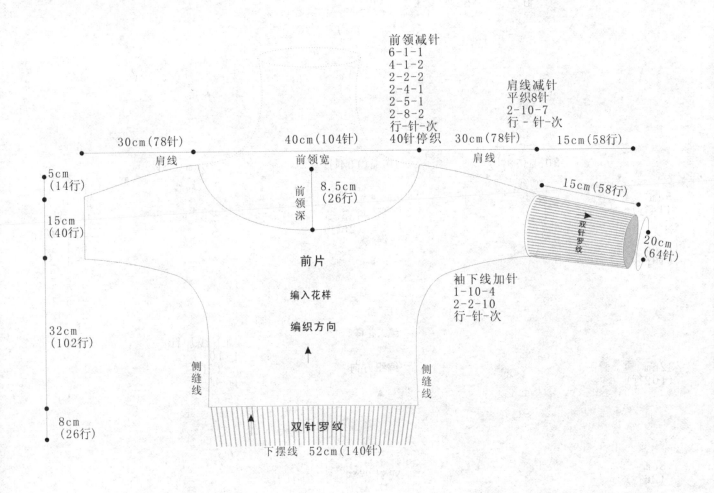

前领减针
6-1-1
4-1-2
2-2-2
2-4-1
2-5-1
2-8-2
行-针-次
40针停织

肩线减针
平织8针
2-10-7
行 - 针-次

30cm(78针)　肩线

30cm(78针)　肩线　　40cm(104针)　前领宽　　　　30cm(78针)　肩线　　15cm(58行)

15cm(58行)

5cm
(14行)

15cm
(40行)

8.5cm
(26行)

前领深

20cm
(64针)

双针罗纹

32cm
(102行)

前片

编入花样

编织方向

侧缝线

侧缝线

袖下线加针
1-10-4
2-2-10
行-针-次

8cm
(26行)

双针罗纹

下摆线　52cm(140针)

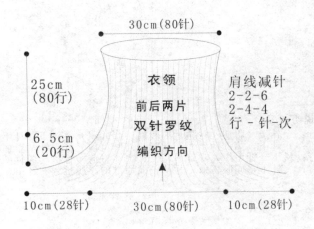

30cm(80针)

25cm
(80行)

衣领

前后两片

双针罗纹

编织方向

肩线减针
2-2-6
2-4-4
行 - 针-次

6.5cm
(20行)

10cm(28针)　　30cm(80针)　　10cm(28针)

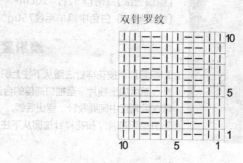

针法图:

双针罗纹

针法图说明:
第一行：一针上（将前一行挑过的线圈一起并织），挑下一针不织（浮针），一针上。
第二行：一针下，第二针仍织一针下，同时将前一行浮针从正面经过的线挑到右手针上。
第三行：挑下一针不织（浮针），一针上（将前一行挑起的针圈一起并织）。
第四行：一针下，同时将前一行从正面通过的浮线挑到右针上，一针下。

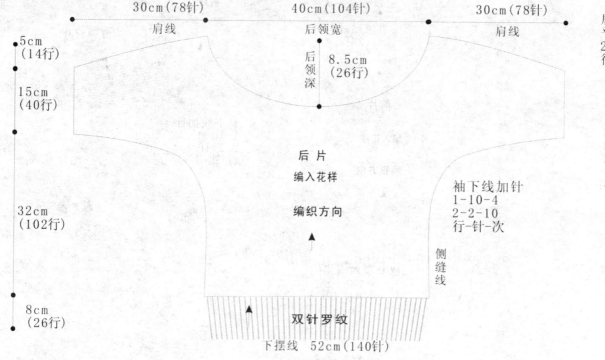

30cm(78针)　　40cm(104针)　　30cm(78针)

肩线　　后领宽　　肩线

5cm (14行)

15cm (40行)

32cm (102行)

8cm (26行)

后领深　8.5cm (26行)

后 片
编入花样

编织方向

双针罗纹

下摆线　52cm(140针)

侧缝线

肩线减针
平织8针
2-10-7
行 - 针-次

后领减针
6-1-1
4-1-2
2-2-2
2-4-1
2-5-1
2-8-2
行-针-次
40针停织

袖下线加针
1-10-4
2-2-10
行-针-次

性感蝙蝠衫

【成品规格】衣长48cm，胸围104cm，肩宽52cm
【工　　具】10号棒针1副
【编织密度】（主要花型参考密度）23针×24.5行＝10cm²
【编织材料】咖啡色粗毛线400g

编织要点

1. 前片：起36针,织花样A，外侧按图加针，然后按图减袖窿，以及按图织斜肩。
2. 后片：后片起78针，织下针，两侧按图加针，然后留袖窿及领窝。
3. 领：将衣片缝合，将门襟及后领窝挑起织单罗纹，织8行。
4. 袖口及衣边：袖口挑64针织8行单罗纹，衣边挑156针由上向下织14行单罗纹收针。

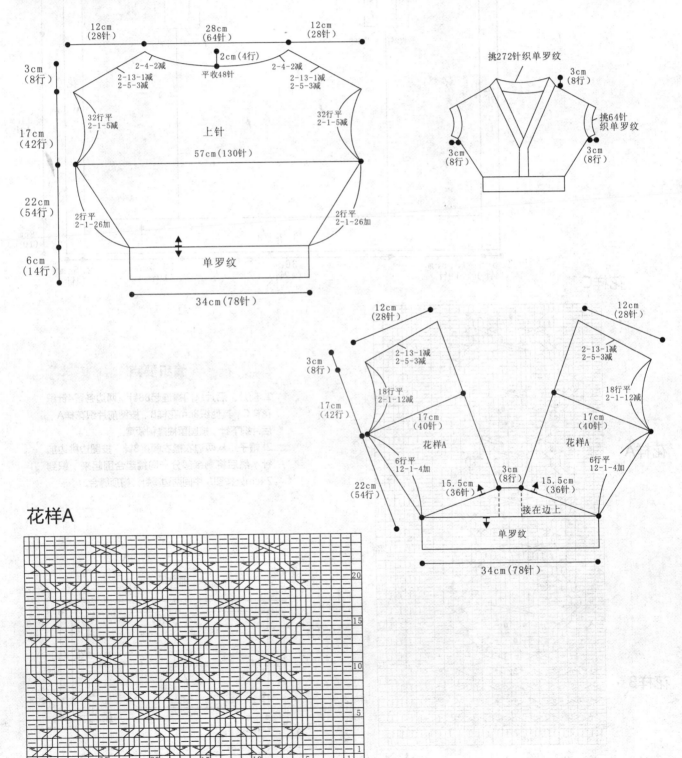

12cm（28针）　28cm（64针）　12cm（28针）

2cm（4行）
2-4-2减
2-13-1减
2-5-3减
平收48针

3cm（8行）

32行平
2-1-5减

上针

17cm（42行）

57cm（130针）

22cm（54行）

2行平
2-1-26加

单罗纹

6cm（14行）

34cm（78针）

挑272针织单罗纹

3cm（8行）

挑64针织单罗纹

3cm（8行）

12cm（28针）

2-13-1减
2-5-3减

3cm（8行）

18行平
2-1-12减

17cm（42行）

17cm（40针）

花样A

22cm（54行）

6行平
12-1-4加

15.5cm（36针）

3cm（8行）

接在边上

15.5cm（36针）

单罗纹

34cm（78针）

花样A

99

无袖对襟小马甲

【成品规格】衣长58cm，胸围60cm，肩宽27cm
【工　具】8号棒针1副
【编织密度】（主要花型参考密度）14针×12.5行=10cm²
【编织材料】白色粗毛线500g

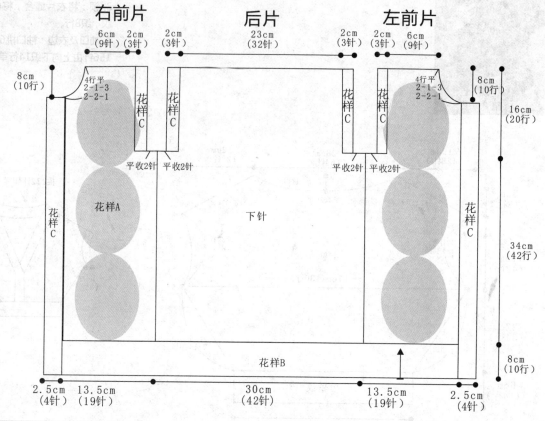

右前片　　　后片　　　左前片

6cm 2cm 2cm 23cm 2cm 2cm 6cm
（9针）（3针）（3针）（32针）（3针）（3针）（9针）

8cm（10行）

4行平
2-1-3
2-2-1

花样C 花样C 花样C 花样C

8cm（10行）

16cm（20行）

平收2针 平收2针　平收2针 平收2针

花样A　　　下针　　　34cm（42行）

花样C　　　　　　　　　　花样C

花样B

8cm（10行）

2.5cm 13.5cm 30cm 13.5cm 2.5cm
（4针）（19针）（42针）（19针）（4针）

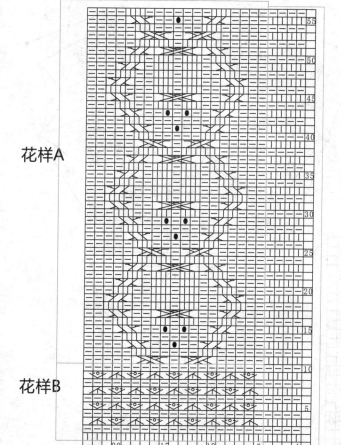

花样C

花样A

花样B

55
50
45
40
35
30
25
20
15
10
5

20 15 10 5

▲门襟

编织要点

1. 前片、后片、门襟连起88针，两边各留4针织花样C，其他织8cm花样B，按图前片织花样A，后片织下针，按图留袖窿和领窝。

2. 帽子：从两边衣襟衣领挑8针，按图边挑边加针，然后将剩余部分一同挑起围起来，织到24cm处按图从中间两边减针。帽顶缝合。

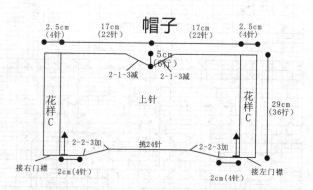

2.5cm 17cm 17cm 2.5cm
（4针）（22针）（22针）（4针）

帽子

5cm（6行）

2-1-3减 2-1-3减

花样C 上针 花样C 29cm（36行）

2-2-3加 挑24针 2-2-3加

接右门襟 2cm（4针） 2cm（4针） 接左门襟

100

粉色柔美长外套

【成品规格】衣长70cm，胸围76cm，袖长60cm，肩宽31cm
【工　　具】6号棒针1副
【编织密度】（主要花型参考密度）14针×16行=10cm²
【编织材料】粉色粗毛线1000g

编织要点

1. 前片：起32针，门襟留5针织衣边，其他部分织16行花样B，然后织花样A，衣腰侧按图解留腰线每12行减1针减3次，其余平织，按图留袖窿领窝。
2. 后片：后片起58针织双罗纹，按图两侧减针，减3次，其余平织留袖笼以及后领窝。
3. 袖：袖起24针，袖口织2行下针，然后织双罗纹，两侧按图加针，最后按图织袖山。
4. 帽子：衣片缝合后在领窝挑帽子，共挑48针，帽边接在门襟的边上，织花样C，按图加针，织36cm高平收，帽顶缝合。
5. 衣兜：在编织衣片时图示相应的位置上另用一根其他线织衣兜开口的位置，衣片织完后，拆下那根线，下面的线套在外侧向上织6行单罗纹，上面的线套在内侧向下织24行下针。
6. 腰带和装饰：织一条宽5cm、长150cm腰带系在腰间。另做8个毛线球装饰在衣服上。

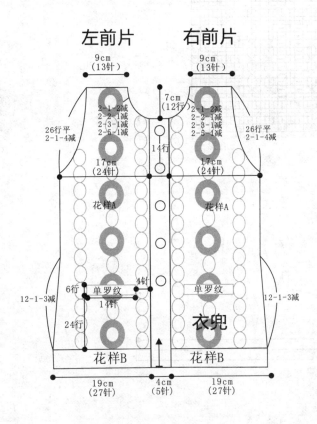

左前片　　右前片

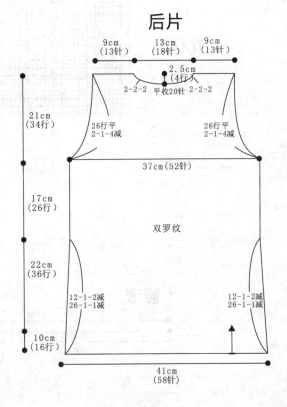

后片

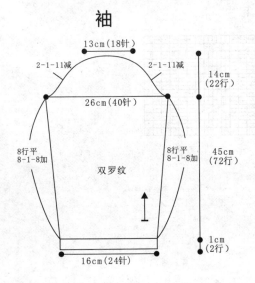

袖

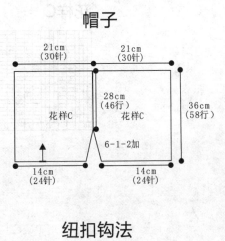

帽子

纽扣钩法

花样A

花样B

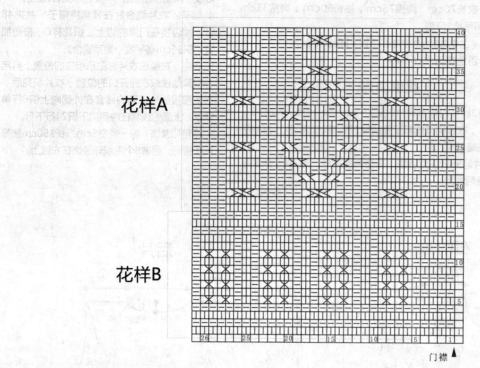

门襟 ▲

腰带

150cm(226行)

5cm
(10针)

织单罗纹

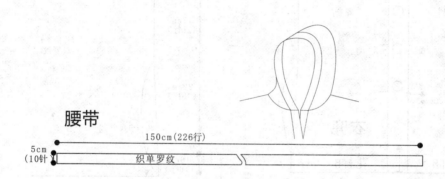

花样C

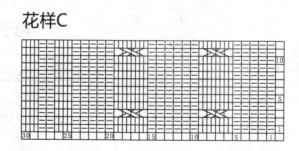

大气横纹披肩

【成品规格】披肩领口宽22cm，衣摆宽55cm，长44cm
【工　　具】8号棒针
【编织密度】21针×28行=10cm²
【编织材料】灰色中粗羊毛线500g

编织要点

1. 披肩为一片编织，横向折回编织。
2. 用灰色中粗羊毛线与8号棒针，起91针按花样A编织，分4部分编织。从右到左：第一部分共19针，其中3针下针，5针上针，6针棒绞花样，5针上针；第二部分共17针，其中12针棒绞花样，5针搓衣针；第三部分共16针，其中1针下针，1针搓衣板针，1针下针，7针上针，6针棒绞花样；第四部分共39针，其中10针上针，16针棒绞花样，10针上针，3针下针。注意6针棒绞

花样每6行一花样，12针棒绞花样每22行一花样。16针棒绞花样每35行一花样。往上按花样A编织第一层花样，第1、2行全部编织，第3行只编织第四部分，第4行全部编织，第5行第一部分不编织，第6行只编织第四部分，第7行第一、二部分不编织，第8行全部编织，第9行只编织第四部分，第10、11行全部编织，第12行只编织第四部分，第13行第一部分不编织，第14行第一、二部分不编织，第15行只编织第四部分（其中规律为：第四部分每编织3行，第三部分编织2行；第三部分每编织5行，第二部分编织4行；第二部分每编织4行，第一部分编织3行）。15行为一层花样，继续往上共编织10层花样，收针断线。详细花样图解见花样A。
3. 在衣摆处拴上流苏，流苏长度为16cm，约每8针一流苏。

符号说明：

□　　　上针
□=□　　下针
2-1-3　行-针-次
▨▨▨　右上3针与
　　　　左下3针交叉
▨▨▨▨▨　右上6针与
　　　　左下6针交叉
▨▨▨▨▨▨　右上8针与
　　　　左下8针交叉

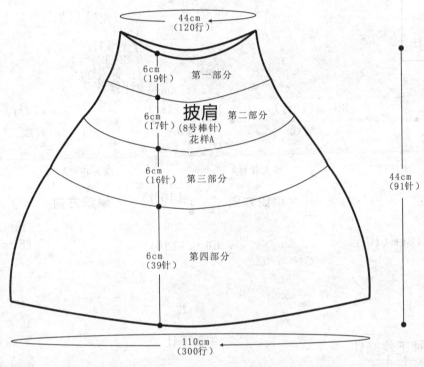

44cm
（120行）

6cm
（19针）　第一部分

披肩　第二部分
6cm　　（8号棒针）
（17针）　花样A

6cm
（16针）　第三部分

6cm
（39针）　第四部分

44cm
（91针）

110cm
（300行）

花样A

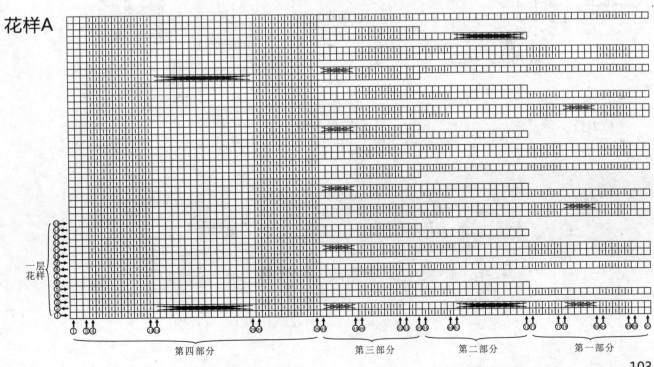

一层花样

第四部分　　　　第三部分　　　第二部分　　　第一部分

素雅休闲外套

【成品规格】胸围108cm，肩加袖长40cm，衣长63cm
【工　具】5mm棒针4枚，2cm胶木纽扣6枚
【编织密度】22针×22行=10cm²
【编织材料】米色中粗羊毛线650g

编织要点

1. 织后片，从一侧袖口处起针往另一个袖口编织。起10针，按结构图在下袖下线处加针，然后加出后身片，织到半胸围的合适长度后再减针，织另一袖口后平收针。后片上半部分仍然是按结构图编织，注意在正中间要留出后领窝。

2. 开始织前片，从门襟处起66针，往腋下方向编织，到1/4胸围的合适长度后再减针，织到袖口处再平收针。同时织好对应的另一个前片。再织前片的上半部分，从前领下起26针往袖口方向编织，注意按图示在前领处的加针和肩线上的减针，到袖口结束平收针。然后再织好另一个前片的上半部分。

3. 前、后片织好后，分别连接上下各部分及在两侧侧缝和肩线位置合并。

4. 在领窝处按相关图示挑针，往上织衣领，再织好下摆的双针罗纹，最后织好门襟和袖口。在门襟的一侧要平均预留六个扣眼，另一侧钉好扣子。

符号说明：

□=曰	上针
□	下针
▤	上针滑三行

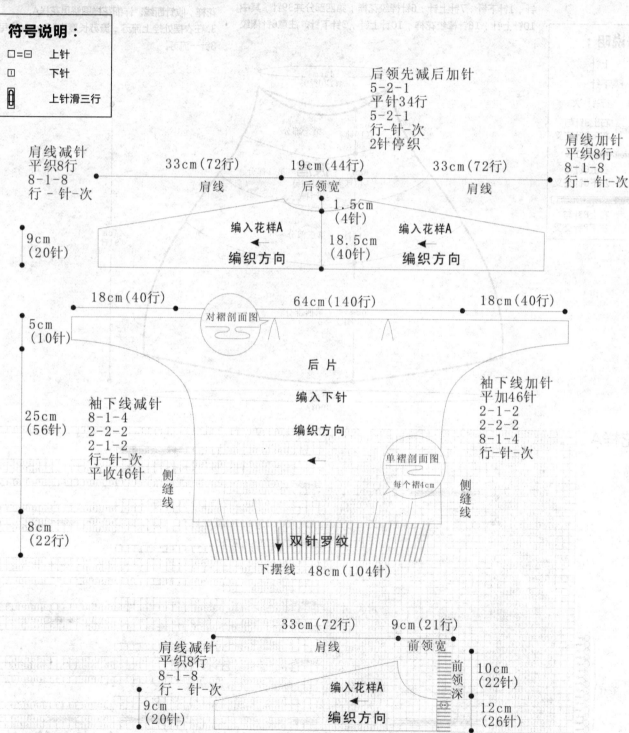

后领先减后加针
5-2-1
平针34行
5-2-1
行-针-次
2针停织

肩线减针
平织8行
8-1-8
行-针-次

33cm(72行)　肩线
19cm(44行)　后领宽
33cm(72行)　肩线

肩线加针
平织8行
8-1-8
行-针-次

9cm
(20针)

1.5cm
(4针)

18.5cm
(40针)

编入花样A
编织方向

编入花样A
编织方向

18cm(40行)
64cm(140行)
18cm(40行)

对褶剖面图

5cm
(10针)

后片

编入下针

编织方向

25cm
(56针)

袖下线减针
8-1-4
2-2-2
2-1-2
行-针-次
平收46针

侧缝线

袖下线加针
平加46针
2-1-2
2-2-2
8-1-4
行-针-次

单褶剖面图
每个褶4cm

侧缝线

8cm
(22行)

双针罗纹

下摆线　48cm(104针)

33cm(72行)　肩线
9cm(21行)　前领宽

肩线减针
平织8行
8-1-8
行-针-次

9cm
(20针)

编入花样A
编织方向

前领深

10cm
(22针)

12cm
(26针)

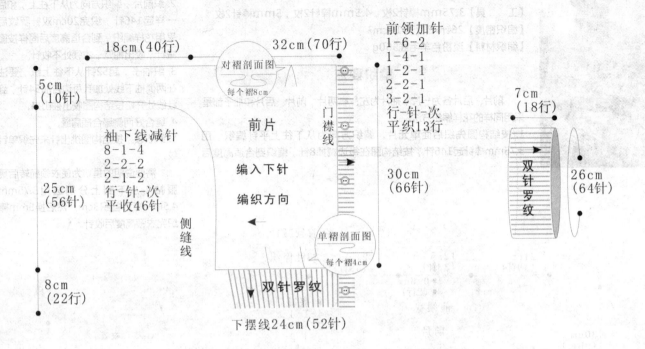

18cm（40行）　　　32cm（70行）

前领加针
1-6-2
1-4-1
1-2-1
2-2-1
3-2-1
行-针-次
平织13行

对褶剖面图
每个褶8cm

5cm
（10针）

袖下线减针
8-1-4
2-2-2
2-1-2
行-针-次
平收46针

前片

编入下针

编织方向

门襟线

25cm
（56针）

侧缝线

30cm
（66针）

7cm
（18行）

双针罗纹

26cm
（64针）

单褶剖面图
每个褶4cm

8cm
（22行）

双针罗纹

下摆线24cm（52针）

编入花样A

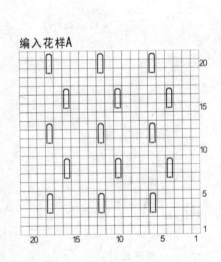

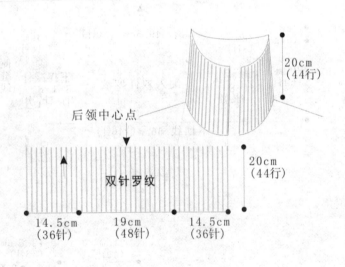

20cm
（44行）

后领中心点

双针罗纹

20cm
（44行）

14.5cm
（36针）　　19cm
（48针）　　14.5cm
（36针）

下针

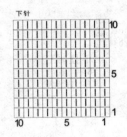

双针罗纹

105

秀雅长袖蝙蝠衫

【成品规格】胸围99cm，袖长(含单侧肩宽)70.5cm，衣长56cm
【工　　具】3.75mm棒针2枚，4.5mm棒针2枚，5mm棒针2枚
【编织密度】26针×32行＝10cm²
【编织材料】淡粉色羊毛线550g

编织要点

前片、后片各为一片，袖片为左、右两片，前片、后片和袖子都是采用同样的花样编织方法。

1. 按结构图先织后面单元片。编织方向为从下往上平针编织，用3.75mm棒针起146针，按结构图在每边减掉8针，编织到合适高度后再按图示减针，按相关图示收出袖窿和后领窝。

2. 织前片，编织方向为从下往上，和后片一样起146针，织完20cm双针罗纹后再采用花样编织，到合适高度后同样按图示减针，收出袖笼，衣领处不收针。

3. 织袖子，起52针从下往上织，要注意在两侧袖下线处加针每边各加54针，到袖壮线处开始按结构图收出袖山来。

4. 缝合好两侧缝合肩缝。

5. 织衣领，按结构图挑出针来先织单针罗纹。

需要说明的是，为使衣领翻转后更加服帖，从下到上分别选用3.75mm、4.5mm棒针各织3cm，然后换5mm棒针织完衣领高度后收针。

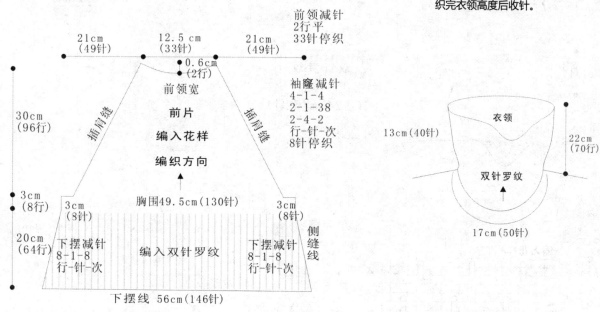

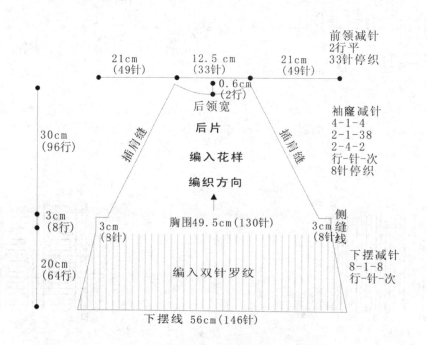

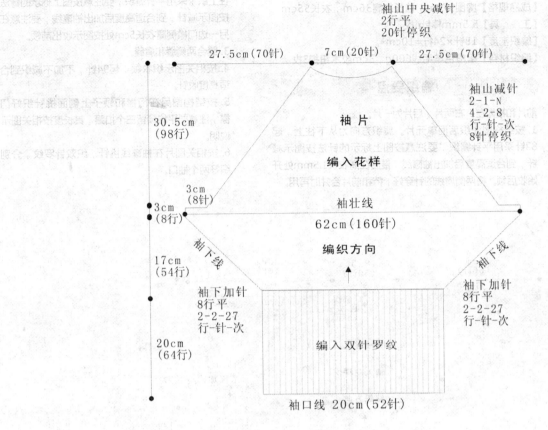

袖山中央减针
2行平
20针停织

27.5cm(70针)　7cm(20针)　27.5cm(70针)

袖山减针
2-1-N
4-2-8
行-针-次
8针停织

30.5cm
(98行)

袖片

编入花样

3cm
(8针)

3cm
(8行)

袖壮线

62cm(160针)

编织方向

袖下线

袖下线

17cm
(54行)

袖下加针
8行平
2-2-27
行-针-次

袖下加针
8行平
2-2-27
行-针-次

20cm
(64行)

编入双针罗纹

袖口线 20cm(52针)

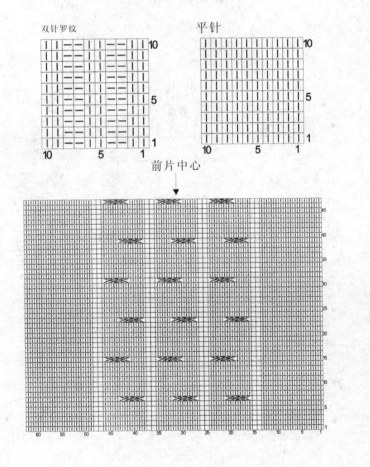

双针罗纹

平针

前片中心

气质短袖开衫

【成品规格】胸围97cm，袖长加肩36cm，衣长55cm
【工　　具】5.5mm棒针4枚
【编织密度】18针×24行=10cm²
【编织材料】暗橙色羊毛线600g，3cm胶木纽扣3枚

编织要点

前片和袖为左、右两片，后片为一片。

1. 按结构图先织后面单元片。编织方向为从下往上，起82针采用平针编织，要注意按图上标示的针法按图示减针，到合适高度后加出袖隆线，最后在离衣长1.5mm处开始收后领。将两侧肩线的针穿好，待和前片合并时再用。

2. 织前片，起32针（门襟边另织），和后面一样往上织，采用平针编织，要注意按图上标示的针法按图示减针，到合适高度后加出袖隆线，要注意在另一边门襟侧离衣长5cm处按图示收出前领。

3. 缝合两侧缝和肩缝。

4. 按相关图示织衣领，起94针，不加不减织到合适高度收针。

5. 按结构图另在门襟和领子上侧面挑针织好门襟，注意要平均预留三个扣眼，其长度按相关图示说明。

6. 按相关图片在袖隆线挑针，织双针罗纹，分别织好两个袖口。

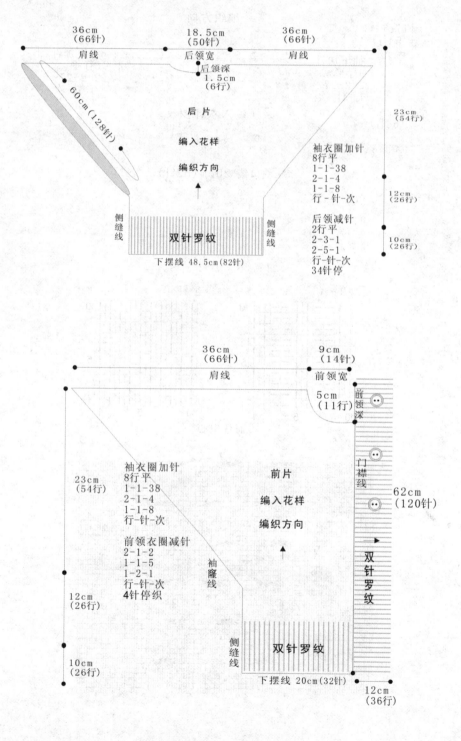

36cm（66针）　肩线
18.5cm（50针）　后领宽
36cm（66针）　肩线
后领深 1.5cm（6行）
60cm（128针）
后 片
编入花样
编织方向
23cm（54行）
袖衣圈加针
8行平
1-1-38
2-1-4
1-1-8
行-针-次
后领减针
2行平
2-3-1
2-5-1
行-针-次
34针停
12cm（26行）
10cm（26行）
侧缝线
双针罗纹
侧缝线
下摆线 48.5cm（82针）

36cm（66针）　肩线
9cm（14针）　前领宽
5cm（11行）　前领深
前片
编入花样
编织方向
23cm（54行）
袖衣圈加针
8行平
1-1-38
2-1-4
1-1-8
行-针-次
前领衣圈减针
2-1-2
1-1-5
1-2-1
行-针-次
4针停织
袖隆线
12cm（26行）
10cm（26行）
侧缝线
双针罗纹
门襟线
62cm（120针）
双针罗纹
下摆线 20cm（32针）
12cm（36行）

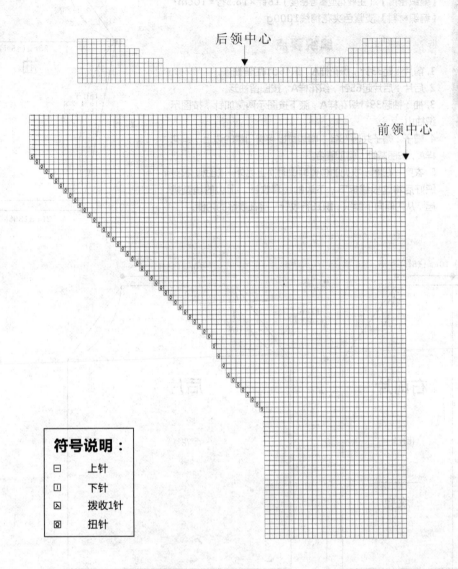

后领中心

前领中心

符号说明：

□	上针
□	下针
⊠	拨收1针
⊡	扭针

双针罗纹

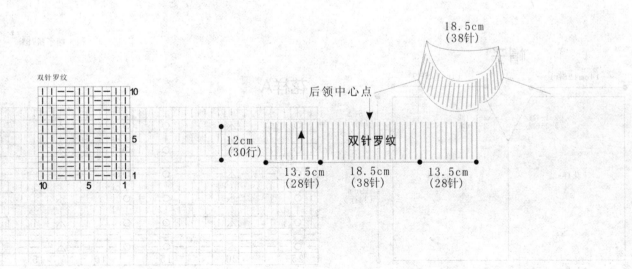

18.5cm
(38针)

后领中心点

12cm
(30行)

双针罗纹

13.5cm
(28针)   18.5cm
(38针)   13.5cm
(28针)

明朗长款毛衣

【成品规格】胸围72cm，袖长53cm，衣长63cm
【工　　具】8号棒针1副
【编织密度】（主要花型参考密度）18针×18.5行＝10cm²
【编织材料】淡紫色夹花棉线1000g

编织要点

1. 前片：起33针，织花样A，织46cm后留袖窿。
2. 后片：后片起65针，织花样A，按图留袖笼。
3. 袖：袖起39针织花样A，腋下按图示两侧加针，按图示织袖山。
4. 帽子：帽子共起78针，帽边直接接着门襟的边上，织花样A，按图减针，帽顶缝合。
5. 衣兜：在图示衣兜的位置编织时换上另外一根线，衣身织好后将这根线拆下，下边的线套收针，上边的线套挑起，从内侧向下编织，织18行收针，缝在衣服的内侧。

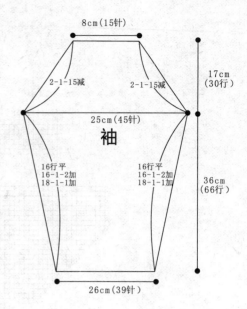

袖

8cm（15针）
17cm（30行）
2-1-15减　2-1-15减
25cm（45针）
16行 平　16行 平
16-1-2加　16-1-2加
18-1-1加　18-1-1加
36cm（66行）
26cm（39针）

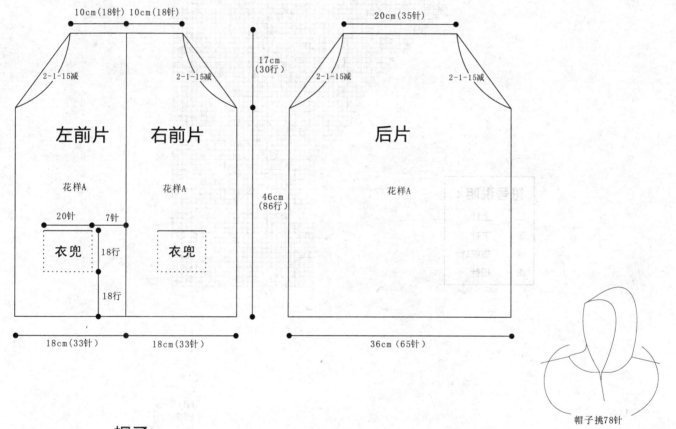

10cm（18针）10cm（18针)
2-1-15减　2-1-15减
左前片　右前片
花样A　花样A
20针　7针
衣兜　衣兜
18行
18行
18cm（33针）　18cm（33针）

17cm（30行）
46cm（86行）

20cm（35针）
2-1-15减　2-1-15减
后片
花样A
36cm（65针）

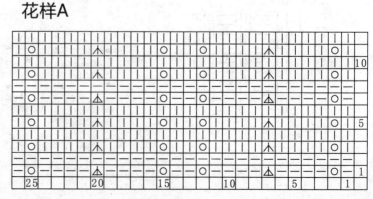

帽子挑78针

帽子

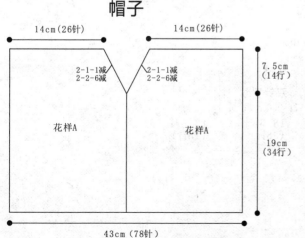

14cm（26针）　14cm（26针）
2-1-1减　2-1-1减
2-2-6减　2-2-6减
花样A　花样A
7.5cm（14行）
19cm（34行）
43cm（78针）

花样A

10

5

25　20　15　10　5　1

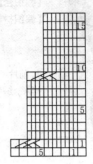

明艳无袖长款毛衣

【成品规格】胸围78cm，袖长12cm，衣长12cm
【工　　具】15号棒针1副
【编织密度】（主要花型参考密度）41针×60行=10cm²
【编织材料】红色夹花开司米毛线500g

编织要点

1. 前片：前片起185针，织双罗纹边，织16行，然后中间按图织花样A，两侧织下针，衣片两侧按图每20行各减1针，减12次，其余平织，按图留出袖窿及领窝。
2. 后片：后片起185针，织双罗纹边，织16行，然后织下针，衣片两侧同前片一样减针，按图留出袖窿。
3. 袖：袖口起针102针，织16行双罗纹，然后织下针，两侧按图减针，织够9.5cm平收。
4. 领：领口挑312针，按图示织法，织机器领，织4cm。

袖窿以及袖的减针方法

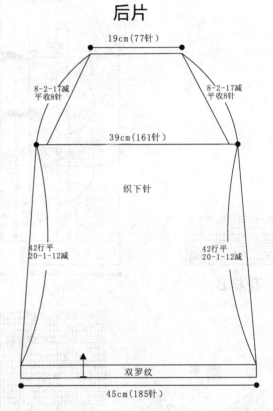

前片

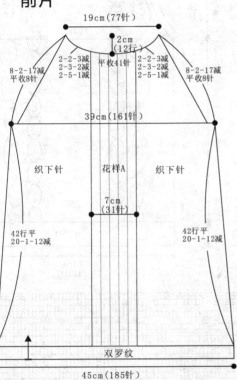

19cm（77针）
2cm（12行）
平收41针
2-2-3减
2-3-2减
2-5-1减
8-2-17减 平收8针
39cm（161针）
织下针　花样A　织下针
7cm（31针）
42行平 20-1-12减
双罗纹
45cm（185针）

22.5cm（136行）
47cm（282行）
2.5cm（16行）

后片

19cm（77针）
8-2-17减 平收8针
39cm（161针）
织下针
42行平 20-1-12减
双罗纹
45cm（185针）

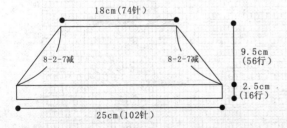

18cm（74针）
8-2-7减
9.5cm（56行）
2.5cm（16行）
25cm（102针）

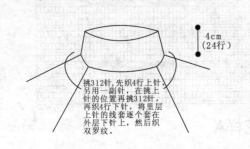

4cm（24行）

挑312针，先织4行上针，另用一副针，在挑上针的位置再挑312针，再织4行下针，将里层上针的线套逐个套在外层下针上，然后织双罗纹。

花样A

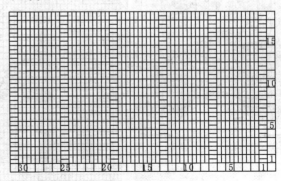

无袖扭花纹长大衣

【成品规格】胸围86cm，肩宽38cm，衣长65cm
【工　　具】8号棒针1副
【编织密度】（主要花型参考密度）11针×21行=10cm²
【编织材料】蓝色粗毛线800g

编织要点

1. 前片：起26针，织8cm双罗纹，然后中间部分按图织花样A，织45cm后外侧留袖窝，按图示内侧留前领窝。

2. 后片：后片起52针织8cm双罗纹，按图织花样A，两侧按图留袖窝。

3. 帽子：帽子起8针，按图织花样A，再按图加针减针，织19cm高平收，织帽边，帽顶缝合。

4. 衣边：将衣襟挑起，织6cm花样B。

5. 衣兜：织前片时，按图在相应兜口的位置用其他线替换编织线，衣服织完后将替换的线拆下，外侧向上织3cm花样B，两侧缝在衣片上，内侧由上向下织，下针织14.5cm缝在衣服内侧。

左前片　　右前片　　　　　后片

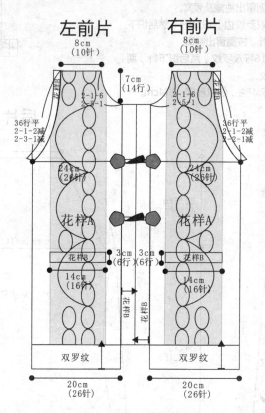

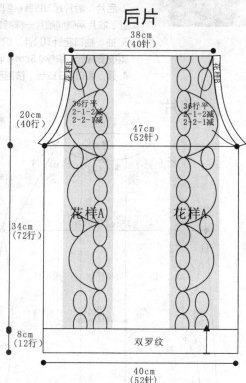

花样B

帽子

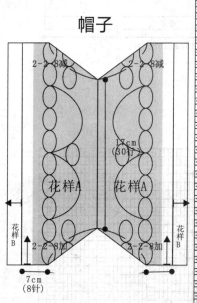

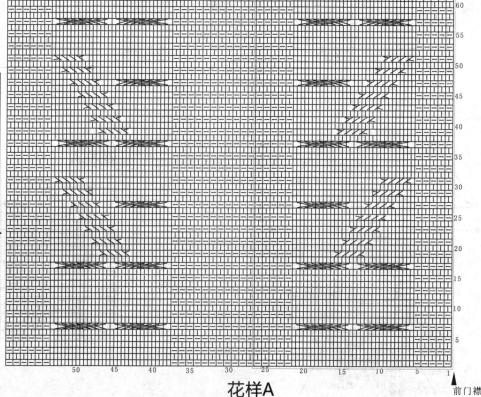

花样A

前门襟

毛领无袖小马甲

【成品规格】胸围72cm，肩宽34cm，衣长54cm
【工　　具】6号棒针1副
【编织密度】（主要花型参考密度）10针×14行=10cm²
【编织材料】紫色粗毛线500g

编织要点

1. 前片：单片起18针，按图示花样编织以及收针。
2. 后片：后片起36针，按图示花样编织以及收针。
3. 领：在领口挑40针，按图示编织。

左前片

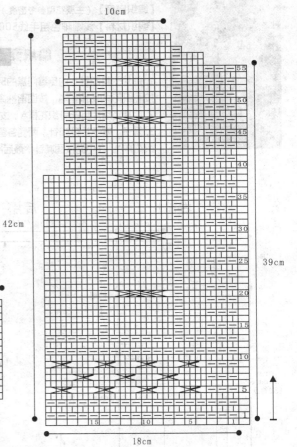

领

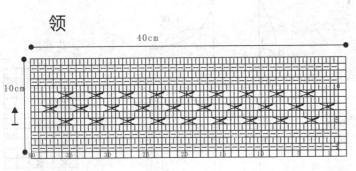

后片

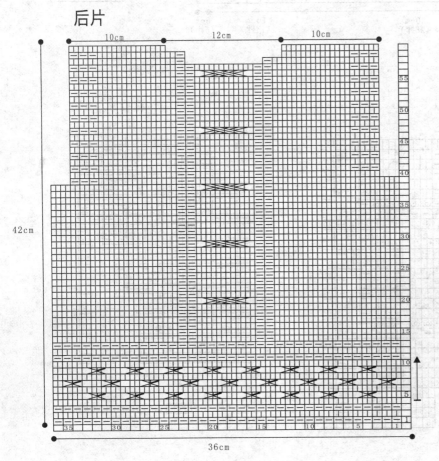

右前片

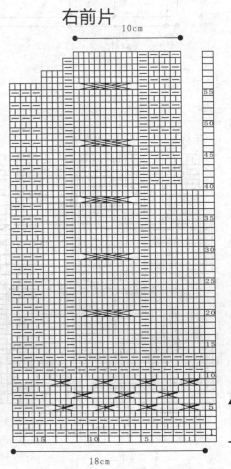

113

雅致连帽小马甲

【成品规格】胸围60cm，肩宽30cm，衣长26cm
【工　　具】6号棒针1副
【编织密度】（主要花型参考密度）8.5针×15行=10cm²
【编织材料】浅咖啡色粗毛线500g

编织要点

1. 前片：起22针，内侧靠门襟的5针织花样C为衣边，其他按图织花样B和花样A，按图留袖窿及领窝。
2. 后片：后片起26针织花样A，按图留袖窿及后领窝。
3. 帽子：帽子共起36针，两侧各留5针织花样C为边，其他织花样A。在中间按图减针，最后平收缝合。

帽子

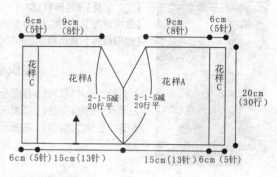

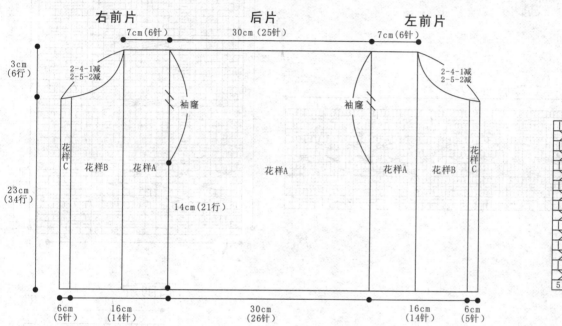

花样C

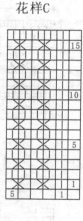

花样A

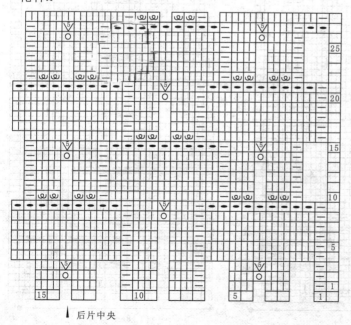

↥ 后片中央

花样B

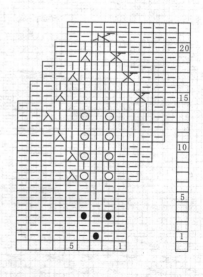

━ =平收　　⟨ =左上2针并1针，再和第3针交叉
● = ⫿

114

艳丽无袖小开衫

【成品规格】胸围60cm，肩宽40cm，衣长26cm
【工　　具】7号棒针1副，1.8mm钩针1根
【编织密度】（主要花型参考密度）15针×14行＝10cm²
【编织材料】玫红色毛线200g

编织要点

1. 前片：起16针，按图解编织。
2. 后片：后片起53针，按图解编织。
3. 衣片织好缝合后按图在整个衣边上钩花边。

左前片

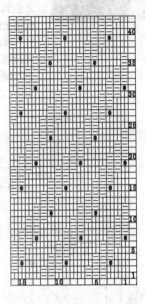

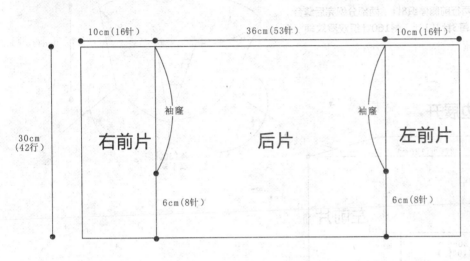

10cm(16针)　　　　　　36cm(53针)　　　　　　10cm(16针)

30cm
(42行)

袖窿　　　　　　袖窿

右前片　　　　**后片**　　　　**左前片**

6cm(8针)　　　　　　　　6cm(8针)

花边钩法

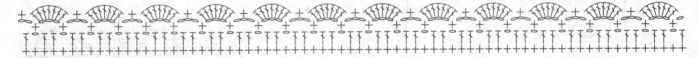

右前片　　　后片

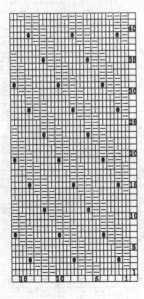

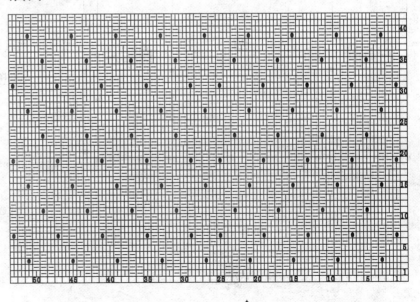

• =

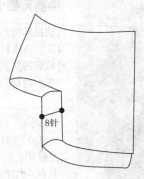

气质丽人装

【成品规格】胸围80cm，衣长52.5cm
【工　　具】12号棒针1副
【编织密度】（主要花型参考密度）34针×40行=10cm²
【编织材料】绿色毛线500g

编织要点

1. 衣服分为左半边和右半边两部分来织，两边左右对称，各起144针，按起单罗纹的方法起针，如图织完18行的边后织花样A。
2. 织到106行时腋下的8针平收，同时在起104针接在那个位置上继续织花样A，再织104行，并针后不加针，织下针，领口部分每两行前侧停织8针，两部分完后缝合，挑起领口的针，每3针并1针，剩160针织双罗纹领，织10cm收针。

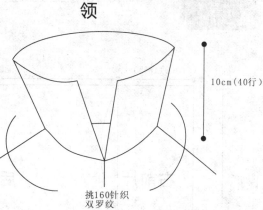

领

挑160针织
双罗纹

10cm(40行)

左半边展开

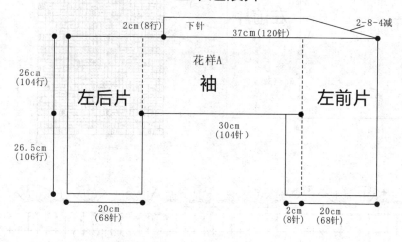

2cm(8行)　下针　2-8-4减
37cm(120针)
26cm(104行)
花样A
左后片　袖　左前片
30cm(104针)
26.5cm(106行)
20cm(68针)　2cm(8针)　20cm(68针)

右半边展开

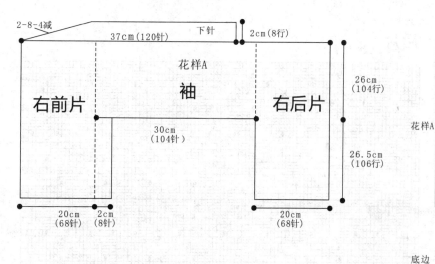

2-8-4减　下针　2cm(8行)
37cm(120针)
花样A
右前片　袖　右后片
30cm(104针)
26cm(104行)
26.5cm(106行)
20cm(68针)　2cm(8针)　20cm(68针)

纽扣钩法

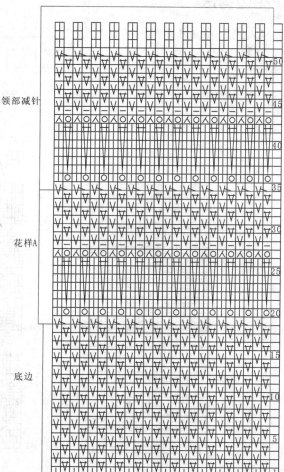

领部减针

花样A

底边

端庄长袖上装

【成品规格】胸围72cm，肩宽27cm，衣长54cm，袖长53cm
【工　　具】6号棒针1副
【编织密度】（主要花型参考密度）15针×16行=10cm²
【编织材料】咖啡色粗毛线750g

编织要点

1. 前片：单片起44针，靠门襟5针织1行下针1行上针，其他部分按图解编织。
2. 后片：后片起53针，边织5cm双罗纹，然后织下针，按图留袖隆及领窝。
3. 袖：起28针，织5cm单罗纹，然后织下针，按图示腋下加针以及收袖山。
4. 领：领挑70针，织4组花样A，两边各留3针织一行上一行下，领边织4行一行上一行下。

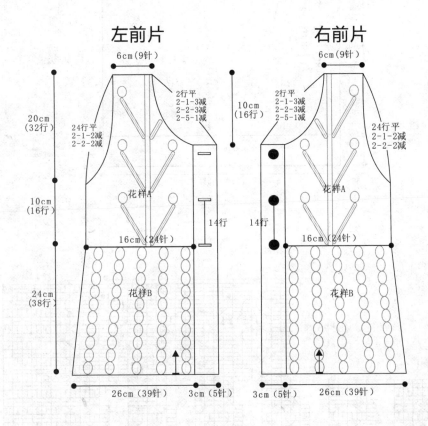

左前片　　　右前片

6cm（9针）　　6cm（9针）

2行平
2-1-3减
2-2-3减
2-5-1减

10cm
（16行）

24行平
2-1-2减
2-2-2减

20cm
（32行）

花样A

10cm
（16行）

14行

16cm（24针）

24cm
（38行）

花样B

26cm（39针）　3cm（5针）　3cm（5针）　26cm（39针）

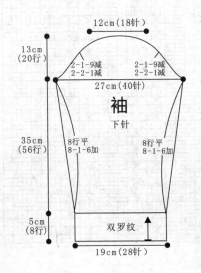

12cm（18针）

13cm
（20行）

2-1-9减
2-2-1减

2-1-9减
2-2-1减

27cm（40针）

袖
下针

35cm
（56行）

8行平
8-1-6加

8行平
8-1-6加

5cm
（8行）

双罗纹

19cm（28针）

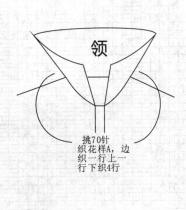

领

挑70针
织花样，边
织一行上一
行下织4行

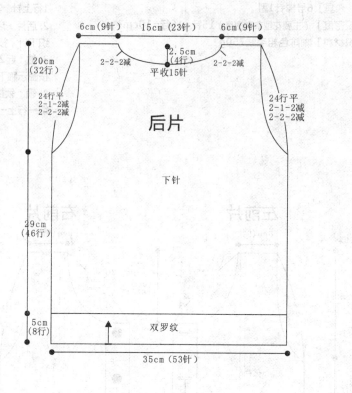

6cm(9针)　15cm(23针)　6cm(9针)

2.5cm
(4行)

2-2-2减　　　2-2-2减

平收15针

20cm
(32行)

24行平　　　　　　　　　　　　24行平
2-1-2减　　　　　　　　　　　2-1-2减
2-2-2减　　　　　　　　　　　2-2-2减

后片

下针

29cm
(46行)

5cm
(8行)

双罗纹

35cm(53针)

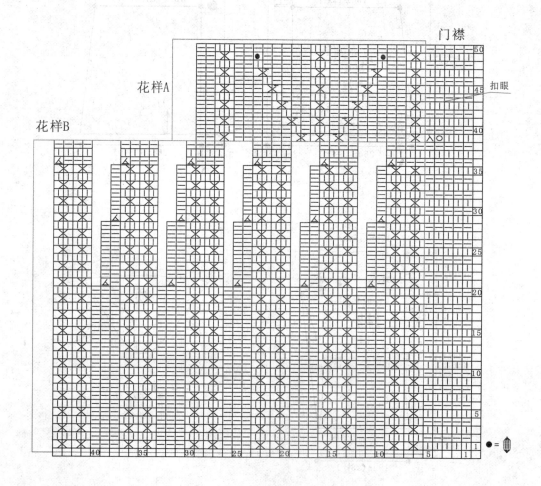

花样A

花样B

门襟

50

扣眼

45

40

35

30

25

20

15

10

5

1

40　　35　　30　　25　　20　　15　　10　　5　　1

● = ⬚

118

帅气短袖小外套

【成品规格】胸围60cm，肩宽40cm，衣长26cm
【工　　具】15号棒针1副
【编织密度】（主要花型参考密度）38针×48行=10cm²
【编织材料】灰色粗毛线500g

编织要点

1. 前片：起16针，织下针，内侧按图逐渐加针加出一个圆摆，按图留袖隆、领窝以及斜肩。
2. 后片：后片起138针织下针，按图留袖隆及后领窝。
3. 衣片织好缝合后分别挑袖口和衣领，袖口挑60针，衣领挑66针织双罗纹，按衣边花样织一条边缝在门襟和下摆上。

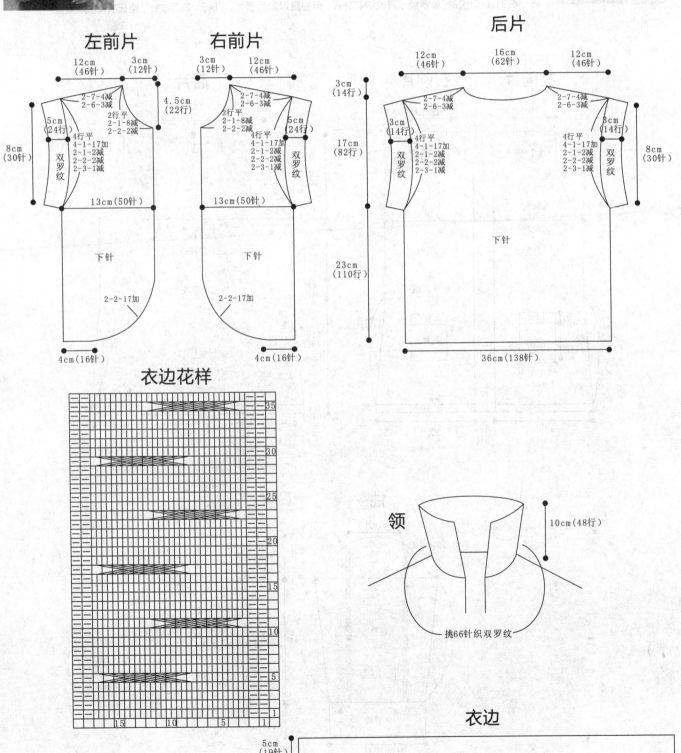

左前片

12cm（46针）　3cm（12针）

2-7-4减
2-6-3减
2行平
2-1-8减
2-2-2减
4行平
4-1-17加
2-1-2减
2-2-2减
2-3-1减

5cm（24行）

4.5cm（22行）

8cm（30针）

双罗纹

13cm（50针）

下针

2-2-17加

4cm（16针）

右前片

3cm（12针）　12cm（46针）

2-7-4减
2-6-3减
2行平
2-1-8减
2-2-2减
4行平
4-1-17加
2-1-2减
2-2-2减
2-3-1减

5cm（24行）

双罗纹

13cm（50针）

下针

2-2-17加

4cm（16针）

后片

12cm（46针）　16cm（62针）　12cm（46针）

3cm（14行）

2-7-4减　　　2-7-4减
2-6-3减　　　2-6-3减

3cm（14行）　　4行平　　　4行平　　3cm（14行）
4-1-17加　　4-1-17加
2-1-2减　　　2-1-2减
2-2-2减　　　2-2-2减
2-3-1减　　　2-3-1减

双罗纹　　　　　　　　双罗纹

17cm（82行）

8cm（30针）

下针

23cm（110行）

36cm（138针）

衣边花样

35
30
25
20
15
10
5
1

15　　10　　5　　1

领

10cm（48行）

挑66针织双罗纹

衣边

5cm（19针）

78cm（372行）

秀雅长款大衣

【成品规格】胸围84cm，肩宽33cm，衣长74cm，袖长58cm
【工　　具】6号棒针1副
【编织密度】（主要花型参考密度）11针×15行=10cm²
【编织材料】粉色粗毛线1200g

编织要点

1. 前片：起29针，门襟留5针织一行下针一行上针，其他的织花样C织6行，然后织花样B织31cm，按图解腰侧收针，然后织单罗纹织8行，再换织花样A，按图留袖窿、领窝。

2. 后片：后片起50针织6行花样C，然后织花样B，按图腰两侧收针，织31cm后织8行单罗纹，再改织花样A，留袖窿以及后领窝。

3. 袖：袖起24针，袖口织单罗纹，然后织花样D，两侧按图加针，最后按图示织袖山。

4. 帽子：帽子共起55针，帽边直接接着门襟的边上织花样C，织33cm高平收，帽顶缝合。

5. 衣兜：起14针，织22行，兜口织花样C织6行，最后收针，缝在衣服相应位置。

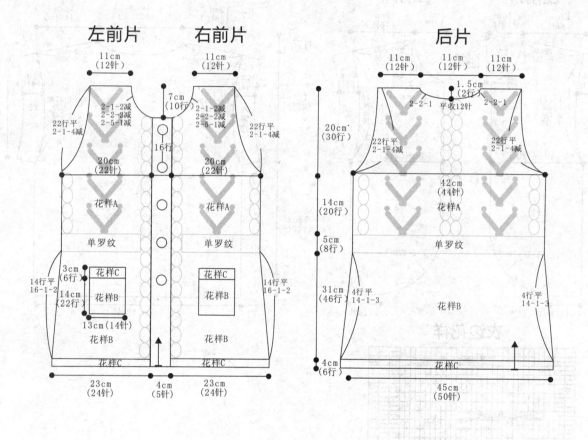

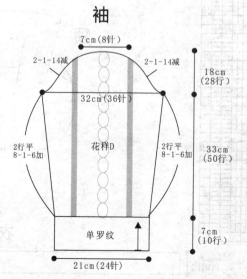

纽扣钩法

帽子

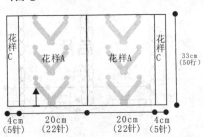

花样C　花样A　花样A　花样C

33cm（50行）

4cm（5针）　20cm（22针）　20cm（22针）　4cm（5针）

花样D

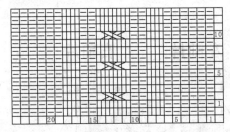

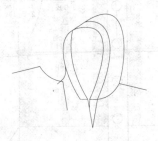

花样A

腰

花样B

花样C

●＝[符号]　门襟

艳丽长款大衣

【成品规格】胸围96cm，肩宽39cm，衣长64cm，袖长57cm
【工　具】6号棒针1副
【编织密度】（主要花型参考密度）11针×17行=10cm²
【编织材料】红色粗毛线1000g

编织要点

1. 前片：起31针，门襟留5针织一行下针一行上针，其他的织花样A织20行换织下针，再织20cm，按图解外侧减针，然后织花样B，按图留袖笼、领窝。

2. 后片：后片起56针织20行花样D，然后织下针，按图两侧收针，织20cm后再织花样C，按图留袖隆、领窝。

3. 袖：袖起26针，袖口织双罗纹，然后织花样E，腋下两侧按图加针，最后织袖山。

4. 帽子：帽子共起48针，帽边直接接着门襟的边上，在中间部分两边分别按图加针和减针，织54行平收，帽顶缝合。

5. 衣兜：起18针织花样F织20行，再织6行双罗纹。缝在相应位置。

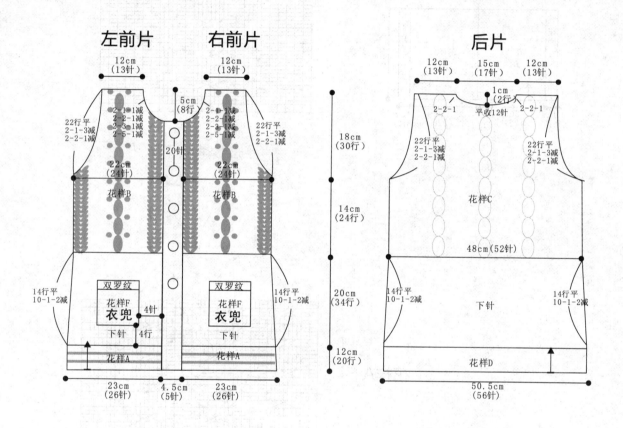

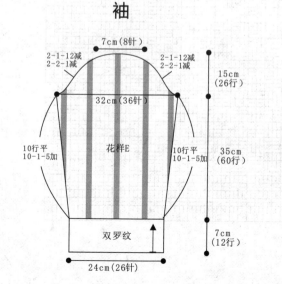

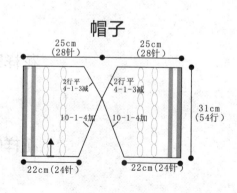

花样A
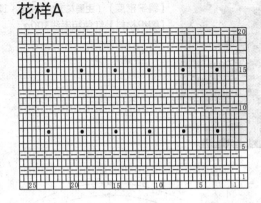

衣兜

双罗纹
花样F
3.5cm(6行)
12cm(20行)
16cm(18针)

花样B
门襟花样
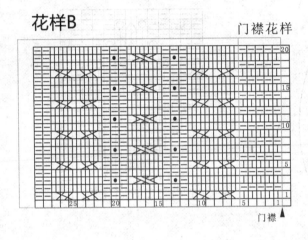

门襟

花样C
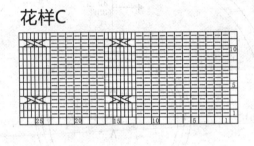

花样D
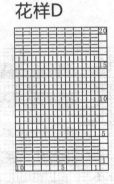

花样E

花样F
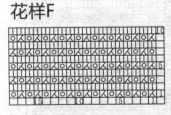

帽子花型
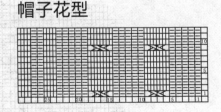

● = 🔳

明艳蝴蝶披肩

【成品规格】胸围60cm，肩宽30cm，衣长66cm
【工　　具】6号棒针1副
【编织密度】（主要花型参考密度）12.5针×13行=10cm²
【编织材料】红色粗毛线300g

编织要点

整件衣服分A和B两部分编织。

1. A部分：由中心开始向外编织，圆心一次起16针，分8瓣，每瓣均按花样A编织。

2. B部分：起38针，按花样B编织，当外侧织到28行内侧织到20行时内侧停织3针，外侧再织42行内侧织到36行时，内侧加3针，按图解右侧相对称。

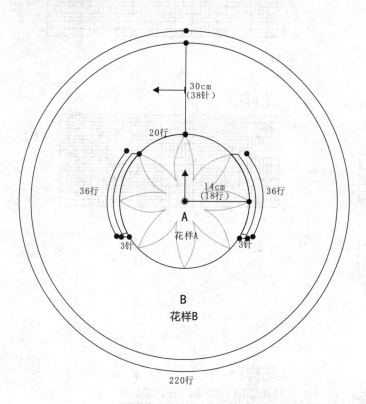

花样A

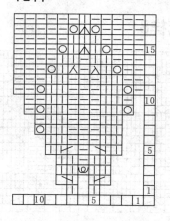

花样B

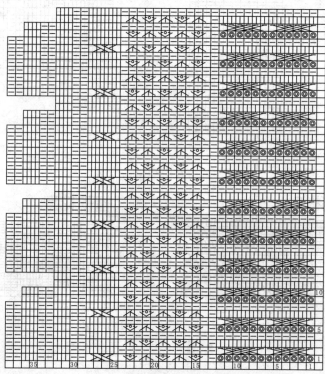

优雅蝙蝠衫

【成品规格】胸围85cm，袖长(含单侧肩宽)35cm，衣长52.5cm
【工　　具】5.5mm棒针2枚，6.5mm棒针2枚，7mm棒针2枚
【编织密度】14针×18行＝10cm²
【编织材料】粗羊毛线550g

编织要点

　　前片、后片各为一片，袖片为左、右两片，前片采用花样编织方法，后片和袖子都是采用平针编织。

1. 按结构图先织后面单元片。编织方向为从下往上平针编织，用6.5mm棒针起62针，按结构图编织到合适高度后再按图示减针，按相关图示织出袖窿和后领。

2. 织前片，编织方向为从下往上，和后片一样起62针，织完双针罗纹后再采用花样编织，到合适高度后同样按图示减针，收出袖窿和衣领。

3. 织袖子，起101针从下往上织，要注意在两侧袖下线处收针每边先各收20针，到袖壮线处开始按结构图收出袖山来。

4. 缝合好两侧缝合插肩缝。

5. 织衣领，按结构图挑出针来织双针罗纹，需要说明的是，为使衣领翻转后更加服帖，从下到上分别选用5.5mm、6.5mm棒针各织3cm，然后换7mm棒针织完衣领高度后收针。

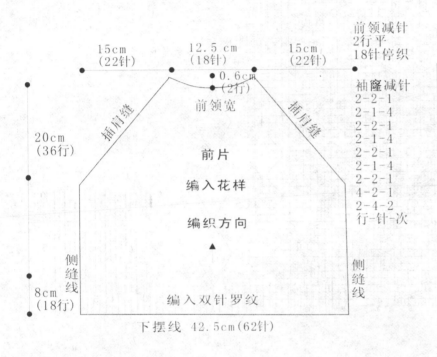

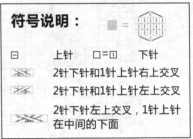

符号说明：　　■ = 田田

□ 上针　　□=□ 下针

図 2针下针和1针上针右上交叉

図 2针下针和1针上针左上交叉

図 2针下针左上交叉，1针上针在中间的下面

前片结构图：

15cm(22针)　12.5cm(18针)　15cm(22针)

前领减针
2行平
18针停织

0.6cm(2行)

袖窿减针
2-2-1
2-1-4
2-2-1
2-1-4
2-2-1
2-1-4
2-2-1
4-2-1
2-4-2
行-针-次

插肩缝　前领宽　插肩缝

20cm(36行)

前片
编入花样
编织方向

侧缝线　侧缝线

8cm(18行)

编入双针罗纹

下摆线　42.5cm(62针)

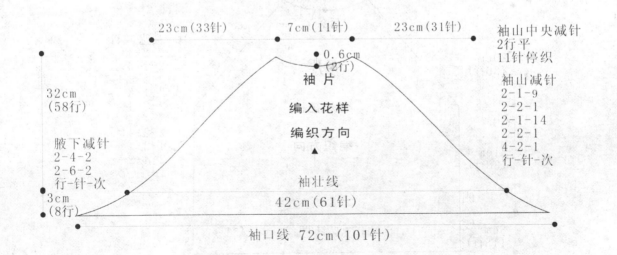

袖片结构图：

23cm(33针)　7cm(11针)　23cm(31针)

袖山中央减针
2行平
11针停织

0.6cm(2行)

袖山减针
2-1-9
2-2-1
2-1-14
2-2-1
4-2-1
行-针-次

袖片
编入花样
编织方向

32cm(58行)

腋下减针
2-4-2
2-6-2
行-针-次

袖壮线
42cm(61针)

3cm(8行)

袖口线　72cm(101针)

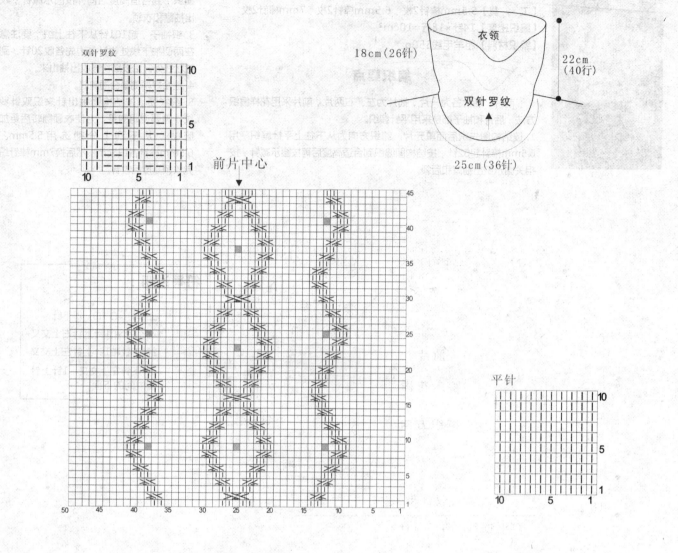

双针罗纹

10

5

1

10 　 5 　 1

前片中心

衣领

18cm（26针）

双针罗纹

22cm
（40行）

25cm（36针）

平针

10

5

1

10 　 5 　 1

45

40

35

30

25

20

15

10

5

1

50　45　40　35　30　25　20　15　10　5　1

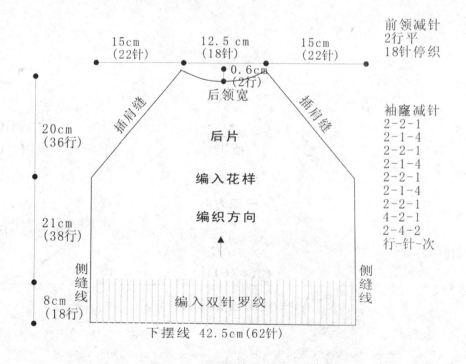

15cm
（22针）

12.5 cm
（18针）

15cm
（22针）

前领减针
2行平
18针停织

0.6cm
（2行）

后领宽

插肩缝

插肩缝

20cm
（36行）

后片

编入花样

编织方向

袖窿减针
2-2-1
2-1-4
2-2-1
2-1-4
2-2-1
2-1-4
2-2-1
4-2-1
2-4-2
行-针-次

21cm
（38行）

侧缝线

侧缝线

8cm
（18行）

编入双针罗纹

下摆线 42.5cm（62针）

炫亮配色短袖衫

【成品规格】胸围99cm，袖长(含单侧肩宽)33.5cm，衣长48cm
【工　　具】3.75mm棒针2枚，4.5mm棒针2枚，5mm棒针2枚
【编织密度】26针×32行=10cm²
【编织材料】段染羊毛线550g

2. 织前片。编织方向为从下往上，起130针，采用平针编织，编织到合适高度后同样按图示减针，按相关针法图收出袖窿，衣领处不收针。

3. 织袖子。起160针，从下往上织，要注意在两侧袖下线处不用加针，到袖壮线处开始按结构图收出袖山来。

4. 缝合好两侧缝和插肩缝。

5. 织衣领。按结构图挑出针来先织单针罗纹。需要说明的是，为使衣领翻转后更加服帖，从下到上分别选用3.75mm、4.50mm棒针各织3cm，然后换5.00mm棒针织完衣领后收针。

编织要点

前片、后片各为1片，袖片为左右2片。都是采用同样的花样编织方法。

1. 按结构图先织后面单元片。编织方向为从下往上，用3.75mm棒针起130针，编织到合适高度后再按图示减针，按相关针法图收出袖窿和后领。

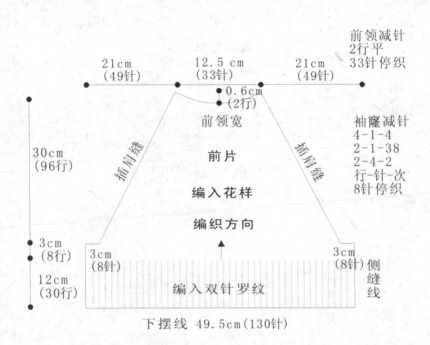

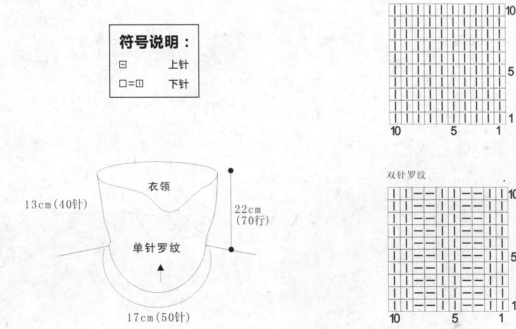

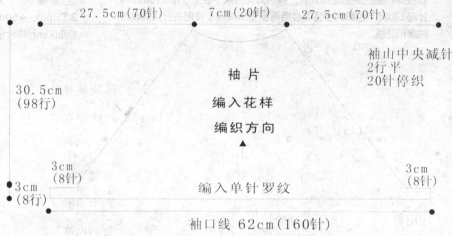

袖山减针
2-1-N
4-2-8
行-针-次
8针停织

27.5cm(70针)　7cm(20针)　27.5cm(70针)

袖山中央减针
2行平
20针停织

30.5cm
(98行)

袖 片

编入花样

编织方向

3cm
(8针)

3cm
(8行)

编入单针罗纹

3cm
(8针)

袖口线 62cm(160针)

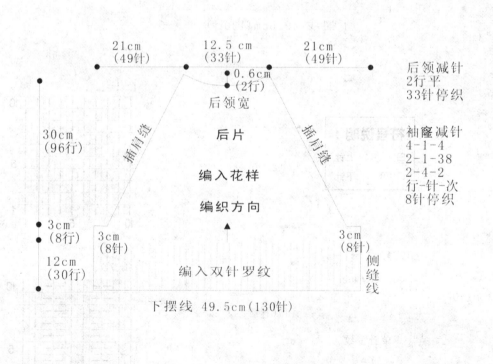

21cm
(49针)　12.5 cm
(33针)　21cm
(49针)

后领减针
2行平
33针停织

0.6cm
(2行)

后领宽

30cm
(96行)

袖窿减针
4-1-4
2-1-38
2-4-2
行-针-次
8针停织

插肩缝

后 片

编入花样

编织方向

插肩缝

3cm
(8行)

3cm
(8针)

3cm
(8针)

12cm
(30行)

编入双针罗纹

侧缝线

下摆线 49.5cm(130针)

大气长款半袖毛衣

【成品规格】胸围88cm，肩袖长26cm，衣长60cm
【工　　具】6.5mm棒针4枚
【编织密度】12针×15行＝10cm²
【编织材料】粗羊毛线550g

编织要点

1. 起52针，从下往上织后片。按结构图加针，不需要留领窝，均为一行上针一行下针。起52针织前片按结构图加针，不加减针到袖口高度后，再往上织衣领。
2. 织前片。针法同后片的一样。到腋下注意要加出袖窿的针数，并要减出衣领来，同时织好对应的另一个前片。
3. 前、后片织好后在两侧侧缝和肩线位置缝合它们。
4. 将后领及前领的针数一起往上织风帽。风帽的针法为花样二。
5. 按花样二织好两个口袋，并安装在相应位置上。最后钩制一个包扣钉在相应位置上。将袖口翻转3cm并钉一颗包扣以固定。

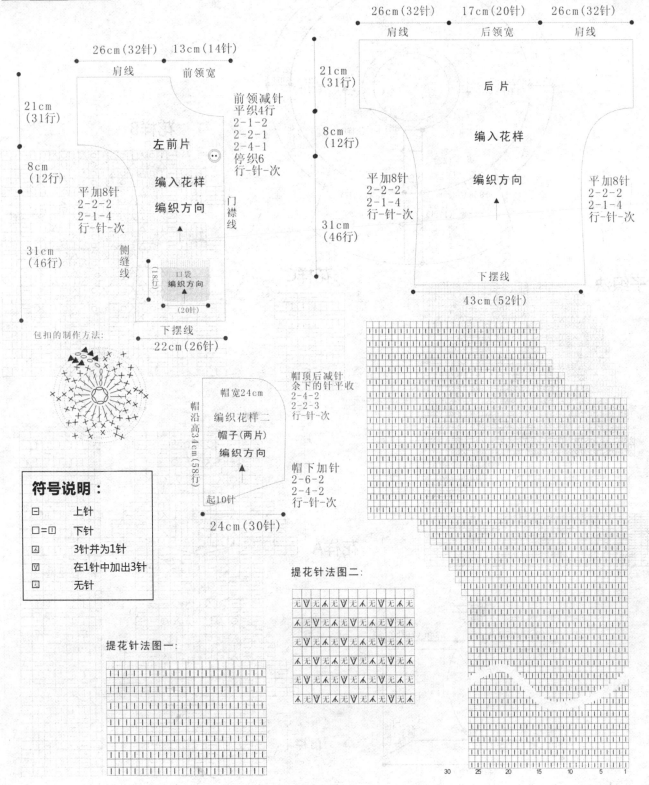

26cm(32针)　13cm(14针)

肩线　前领宽

21cm
(31行)

前领减针
平织4行
2-1-2
2-2-1
2-4-1
停织6
行-针-次

8cm
(12行)

左前片

平加8针
2-2-2
2-1-4
行-针-次

编入花样
编织方向

门襟线

31cm
(46行)

侧缝线

(18行)
口袋
编织方向
(20针)

下摆线
22cm(26针)

26cm(32针)　17cm(20针)　26cm(32针)

肩线　后领宽　肩线

21cm
(31行)

后片

8cm
(12行)

平加8针
2-2-2
2-1-4
行-针-次

编入花样

编织方向

平加8针
2-2-2
2-1-4
行-针-次

31cm
(46行)

下摆线

43cm(52针)

包扣的制作方法：

帽宽24cm

帽沿高3.4cm(58行)

编织花样二
帽子(两片)
编织方向

帽顶后减针
余下的针平收
2-4-2
2-2-3
行-针-次

帽下加针
2-6-2
2-4-2
行-针-次

起10针

24cm(30针)

符号说明：

□	上针
□=回	下针
入	3针并为1针
Ⅴ	在1针中加出3针
回	无针

提花针法图一：

提花针法图二：

30　25　20　15　10　5　1

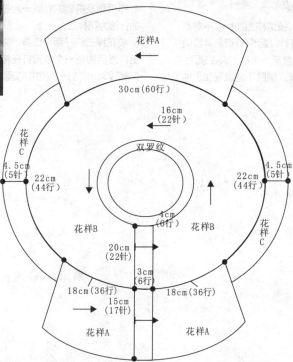

沉静蓝色披肩

【成品规格】胸围72cm，衣长35cm
【工　　具】6号棒针1副
【编织密度】（主要花型参考密度）11针×20行=10cm²
【编织材料】蓝色粗毛线400g

编织要点

1.衣身部分：起39针按图横织，先织6行双罗纹，然后按图织花样，织36行时，花样A停织，只织花样B，织44行后接花样A继续编织，再织60行后花样A停织，只织花样B，织44行全部挑起按图织完。最后织双罗纹时第5针留扣眼，然后每隔8针留一个扣眼。

2.帽子：帽子挑71针，织下针，在织第5行的位置时如图减针共减掉7针，再平织3行，左右两侧如图折回织，最后全部挑起织帽子花型，如图中间减针。最后将帽顶缝合。

花样A
←

30cm（60行）

16cm
（22针）
←

双罗纹

花样
C

4.5cm
（5针）

22cm
（44行）

↓

4.5cm
（5针）

22cm
（44行）

花样B

4cm
（6行）

花样B

花样
C

20cm
（22针）

3cm
（6行）

18cm（36行）

18cm（36行）

15cm
（17针）
→

花样A

花样A

花样B

花样C

帽子织法

↑帽子后中线

帽子

23cm（25针）　　23cm（25针）

24cm
（48行）

2-1-5
4-1-4

2-1-5
4-1-4

2-2-4加
2-3-1加

2-2-4加
2-3-1加

58cm（64针）

花样A

门襟

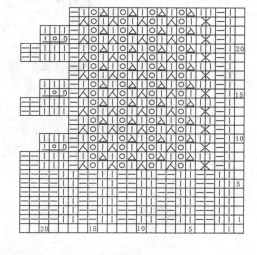
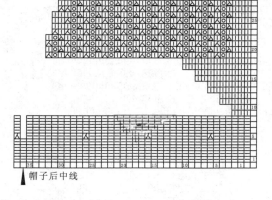
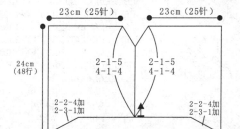

130

娴雅树叶纹披肩

【成品规格】胸围160cm，衣长45cm
【工　　具】8号棒针1副
【编织密度】（主要花型参考密度）12针×14行＝10cm²
【编织材料】白色粗毛线600g

编织要点

1. 从领起针，圈织4行上针然后按花样图织8个单元花，织到33cm后左右留袖窝，前后合围连起织衣边。

2. 袖子：将袖子合围织1行下针锁边，按花样B钩袖边。

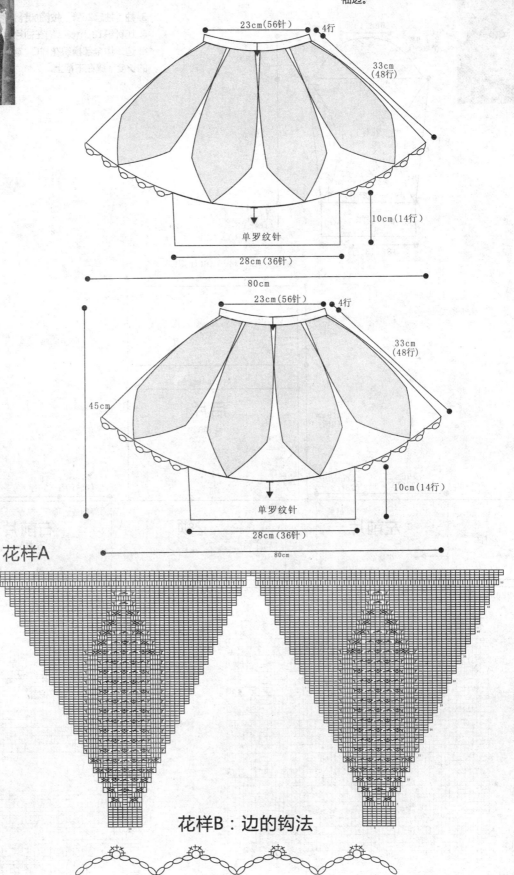

23cm（56针）　4行
33cm（48行）
单罗纹针
10cm（14行）
28cm（36针）
80cm

45cm
23cm（56针）　4行
33cm（48行）
单罗纹针
10cm（14行）
28cm（36针）
80cm

花样A

花样B：边的钩法

131

简约白色开衫

【成品规格】胸围68cm，衣长67cm，袖长51cm
【工　　具】6号棒针1副
【编织密度】（主要花型参考密度）14针×18行=10cm²
【编织材料】白色粗毛线600g

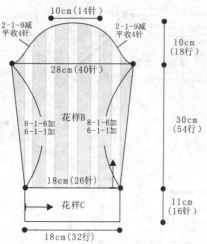

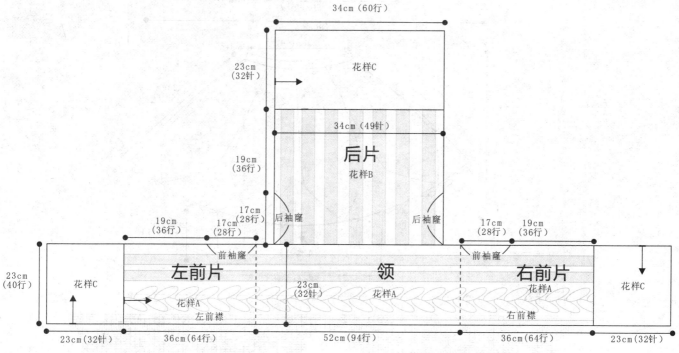

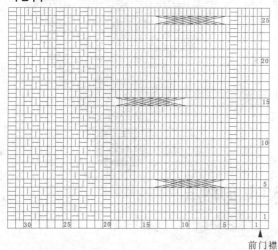

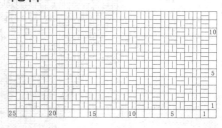

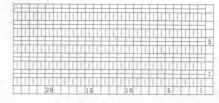

花样A

花样B

花样C

132

时尚无袖长款开衫

【成品规格】胸围82cm，衣长73cm，肩宽41cm
【工　　具】7号棒针1副
【编织密度】（主要花型参考密度）14针×15行=10cm²
【编织材料】灰色粗毛线500g

编织要点

1. 前片：起33针，按前片图解编织。
2. 后片：起58针，按后片图解编织。
3. 领：接门襟共挑75针，接门襟的6针织门襟花样，其他织3针上针3针下针，织20cm收针。

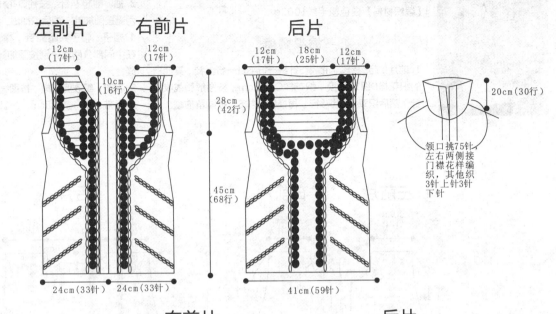

左前片　　**右前片**　　　　**后片**

左前片　　　　　　**右前片**　　　　　　　**后片**

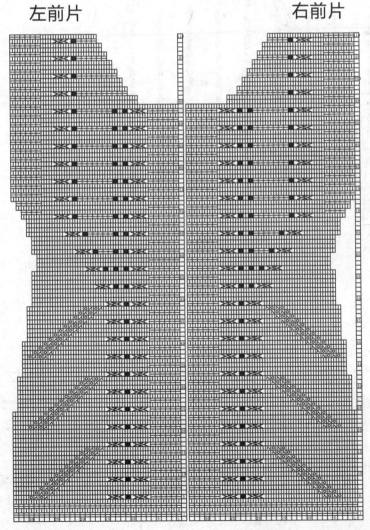
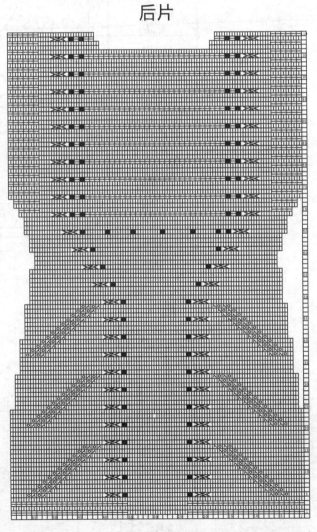

粉红佳人无袖开衫　参考　白色长款无袖连帽衫

秀雅长款毛衣

【成品规格】胸围78cm，衣长71cm，袖长61cm，
　　　　　　肩宽35cm
【工　　具】6号棒针1副
【编织密度】（主要花型参考密度）12针×12行=10cm²
【编织材料】白色粗毛线1000g

编织要点

1. 前片：起31针，门襟留5针织一行下针一行上针，其他
的织花样D织14行换，织花样C织22cm，按图解腰线收
针，然后织双罗纹织8行，再换织花样B，按图留袖隆、

领窝。
2. 后片：后片起56针织14行花样D，然后织花样A，按
图两侧收针、留袖隆以及后领窝。
3. 袖：袖起24针，按袖口花样织袖口，然后织花样A，
两侧按图加针，最后织袖山。
4. 帽子：帽子共起52针，帽边直接接着门襟的边上，
在中间部分两边分别按图加针，织33cm高平收，帽顶
缝合。
5. 衣兜：织衣兜花样，按图编织，最后缝在相应位置。
6. 腰带：织一条宽5cm、长150cm腰带系在腰间。

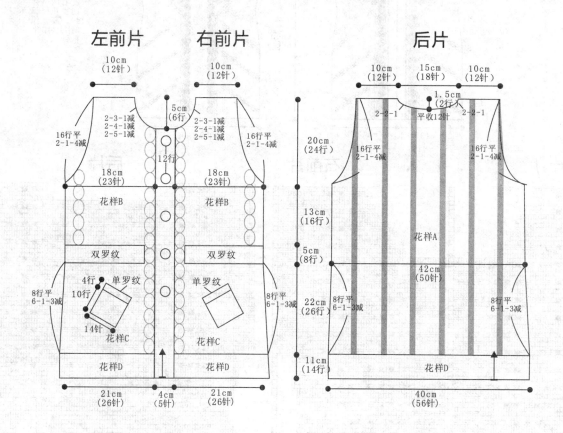

左前片　　　右前片　　　　　　后片

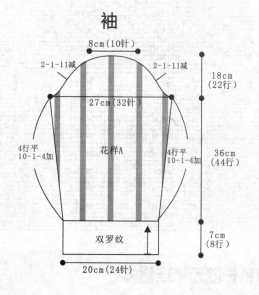

袖

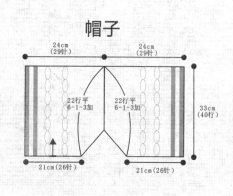

帽子

花样A

纽扣钩法

帽子花型

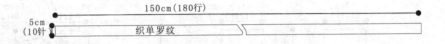

150cm（180行）

5cm
（10针）

织单罗纹

花样B

腰

花样C

衣兜花样

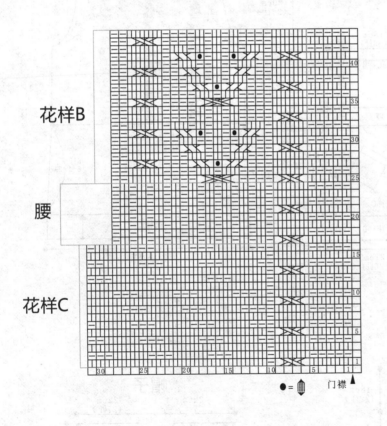

●＝[符号]

门襟▲

花样D

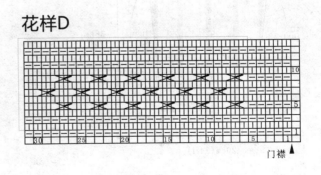

门襟▲

酷炫长款毛衣

【成品规格】胸围78cm，衣长71cm，袖长61cm，
肩宽35cm
【工　具】6号棒针1副
【编织密度】（主要花型参考密度）12针×12行=10cm²
【编织材料】蓝色粗毛线1000g

编织要点

1. 前片：起31针，门襟留5针织一行下针一行上针，其他的织花样D织14行换，织花样C织22cm，按图解腰线收针，然后织双罗纹织8行，再换织花样B，按图留袖窿、领窝。
2. 后片：后片起56针织14行花样E，然后织22cm下针，再织花样A，按图两侧收针、留袖窿以及后领窝。
3. 袖：袖起24针，袖口织双罗纹，然后织花样F，两侧按图加针，最后织袖山。
4. 帽子：帽子共起52针，帽边直接接着门襟的边上，在中间部分两边分别按图加针和减针，织33cm高平收，帽顶缝合。
5. 衣兜：织衣兜花样，按图编织，最后缝在相应位置。
6. 腰带：织一条宽5cm、长150cm腰带系在腰间。

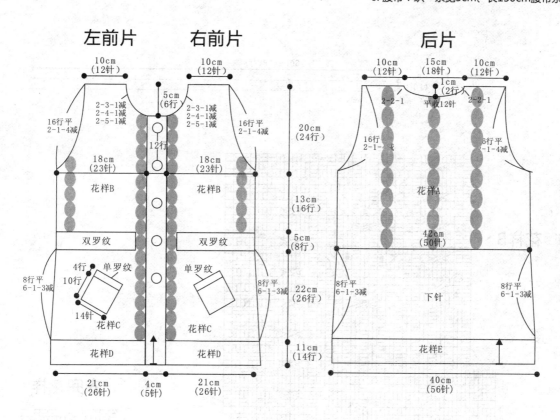

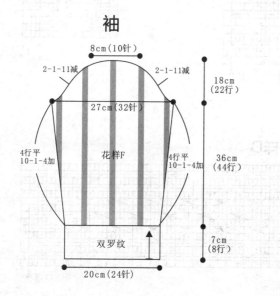

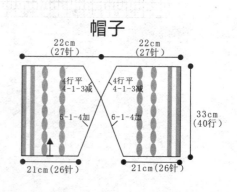

纽扣钩法

花样F

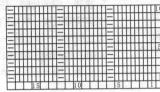

衣兜花样

花样E

帽子花型

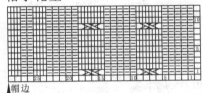

▲帽边

花样A

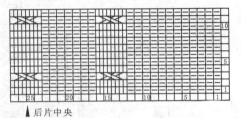

▲后片中央

腰带

150cm（180行）

5cm
（10针） 织单罗纹

花样B

花样D

腰

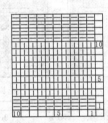

花样C

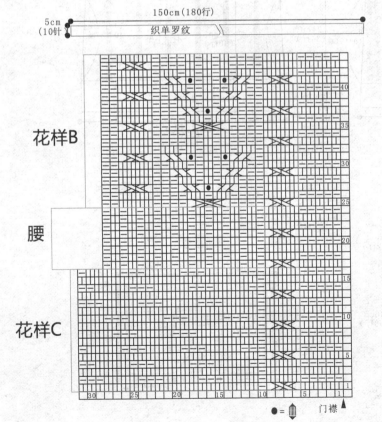

● =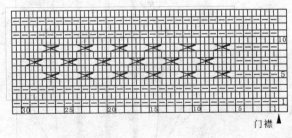

门襟▲

门襟▲

137

端庄长款毛衣

【成品规格】胸围80cm，衣长70cm，袖长60cm，
　　　　　　肩宽32cm
【工　　具】6号棒针1副
【编织密度】（主要花型参考密度）13针×14行=10cm²
【编织材料】咖啡色粗毛线1000g

编织要点

1. 前片：起31针，门襟留5针织一行下针一行上针，其他的织花样D织12行，换织花样C织24cm，按图解外侧减针，相应的位置留出兜口，然后织8行单罗纹，再换织花样B，按图留袖隆、领窝。

2. 后片：后片起57针织16行花样F，然后织花样A，按图两侧收针，织24cm织8行单罗纹再织花样E，按图留袖隆、领窝。

3. 袖：袖起26针，按袖口花样织袖口，然后织花样A，腋下两侧按图加针，最后织袖山。

4. 帽子：帽子共起52针，帽边直接接着门襟的边上，在中间部分两边分别按图加针，织33cm高平收，帽顶缝合。

5. 衣兜：织前片时，按图在相应兜口的位置用其他线替换编织线，衣服织完后将替换的线拆下，外侧向上织6行一行上针一行下针，两侧缝在衣片上，内侧由上向下织下针织16cm缝在衣服内侧。

6. 腰带：织一条宽5cm、长150cm腰带系在腰间。

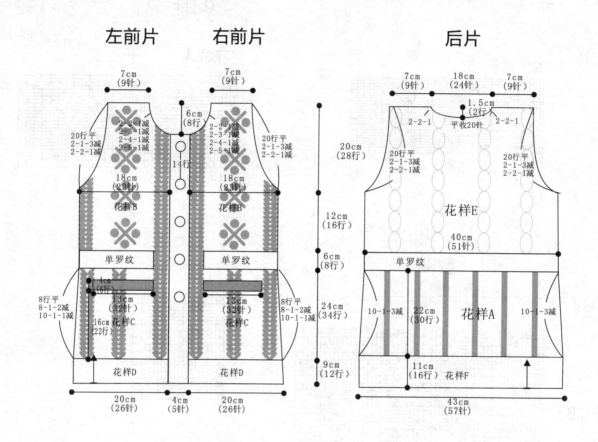

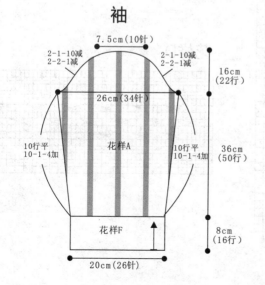

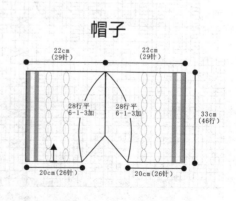

花样B

腰

花样C

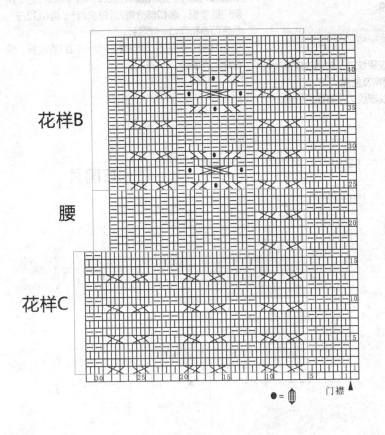

●＝圈

门襟 ▲

花样F

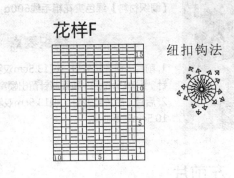

纽扣钩法

帽子花型

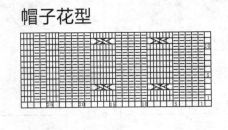

花样E

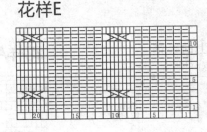

花样A

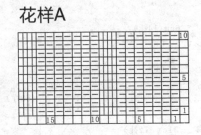

花样D

腰带

150cm(180行)

5cm
(10针)

织单罗纹

典雅半袖开衫

【成品规格】胸围80cm，衣长45cm，袖长41cm
【工　　具】7号棒针1副
【编织密度】（主要花型参考密度）23针×28行=10cm²
【编织材料】绿色夹花粗毛线600g

编织要点

1. 前片：前片起42针，织13.5cm双罗纹边，然后改织下针，织10.5cm后，按图减针留出领窝及袖隆。
2. 后片：后片起92针，织13.5cm双罗纹边，再织下针织10.5cm后留袖隆。

3. 袖：在前片和后片间起14针，由上向下折回织，每折回一次在前后片袖隆上各挑1针，直至全部挑起，然后每10行腋下左右两侧各减1针，减2次，平织8行，再改织双罗纹织10cm收针。
4. 领和门襟：门襟和领口共挑306针，织8行后，两侧门襟停织，领口部分每2行停织2针，再织32行，最后门襟和领口一起收针。
5. 起18针，织一行上针一行下针织22行后收针，缝在袖上作装饰。

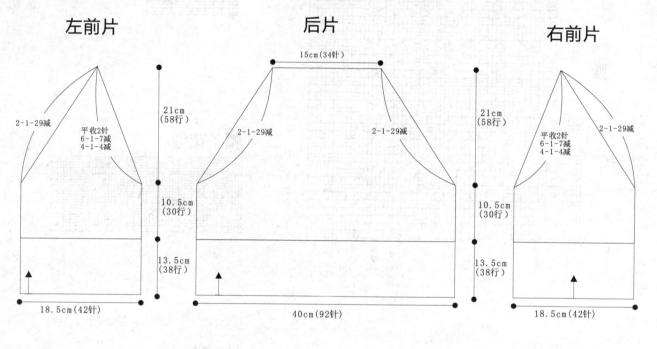

左前片　　　　　　　后片　　　　　　　右前片

15cm（34针）
21cm（58行）
2-1-29减　2-1-29减
平收2针
6-1-7减
4-1-4减
10.5cm（30行）
13.5cm（38行）
18.5cm（42针）　40cm（92针）　18.5cm（42针）

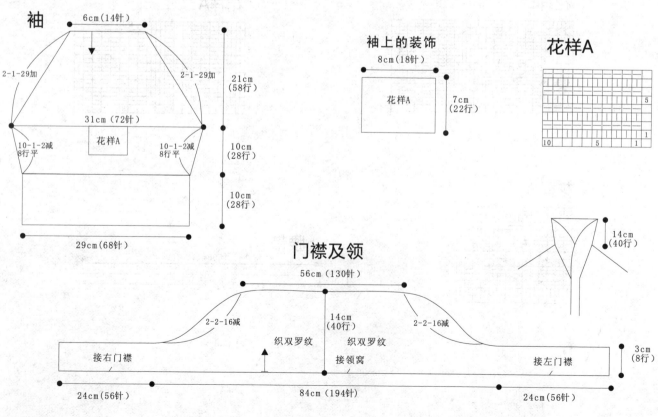

袖
6cm（14针）
2-1-29加　　2-1-29加
21cm（58行）
31cm（72针）
花样A
10-1-2减　10-1-2减
8行平　　8行平
10cm（28行）
10cm（28行）
29cm（68针）

袖上的装饰
8cm（18针）
花样A
7cm（22行）

花样A
5
10　5　1

门襟及领
56cm（130针）
14cm（40行）
2-2-16减　2-2-16减
织双罗纹　织双罗纹
接右门襟　接领窝　接左门襟
3cm（8行）
24cm（56针）　84cm（194针）　24cm（56针）
14cm（40行）

清新时尚针织衫

【成品规格】胸围84cm，衣长75cm，袖长49cm，
　　　　　　肩宽31cm
【工　　具】10号棒针1副，1.5cm钩针1根
【编织密度】（主要花型参考密度）24针×30行＝10cm²
【编织材料】绿色夹花中粗毛线900g

编织要点

1. 前片：前片起128针，织下针，衣两侧每10行各减
1针，最后10行平织，两侧按图留袖隆。织至33cm时中
间位置织花样A，花样A完成后，以花样A最后交叉的
6针（两侧各3针）为边，向两侧按图示顺序减针，留出
领口。
2. 后片：后片起128针，织下针，衣两侧同前片，每
10行减10针，最后10行平织，按图留出袖隆及后领窝。
3. 袖：袖口起针56针织下针，织5.5cm后织花样B，然
后接着织下针，腋下两侧每10行各加1针，加8次，2行
平织，按图留出袖山。
4. 领口、袖口以及衣摆分别按图钩花边。

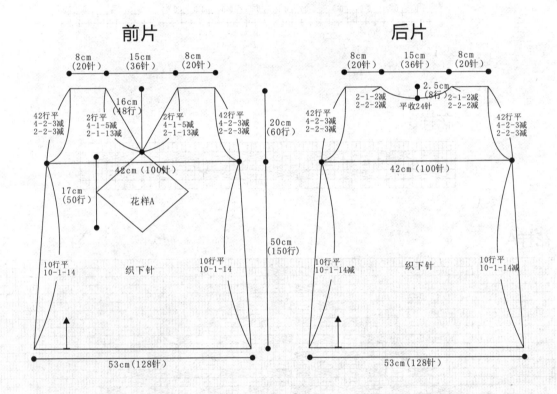

前片

8cm（20针）　15cm（36针）　8cm（20针）

42行平　4-2-3减　2-2-3减
2行平　4-1-5减　2-1-13减
16cm（48行）
2行平　4-1-5减　2-1-13减
42行平　4-2-3减　2-2-3减
20cm（60行）

42cm（100针）

17cm（50行）
花样A
50cm（150行）

10行平　10-1-14
织下针
10行平　10-1-14

53cm（128针）

后片

8cm（20针）　15cm（36针）　8cm（20针）

2.5cm（8行）
2-1-2减　2-2-2减
平收24针
2-1-2减　2-2-2减

42行平　4-2-3减　2-2-3减
42行平　4-2-3减　2-2-3减

42cm（100针）

50cm（150行）

10行平　10-1-14减
织下针
10行平　10-1-14减

53cm（128针）

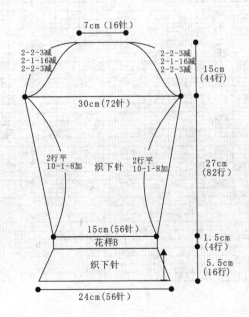

7cm（16针）

2-2-3减　2-1-16减　2-2-3减
2-2-3减　2-1-16减　2-2-3减
15cm（44行）

30cm（72针）

2行平　10-1-8加
织下针
2行平　10-1-8加
27cm（82行）

15cm（56针）
花样B
织下针

1.5cm（4行）
5.5cm（16行）

24cm（56针）

衣下摆花边

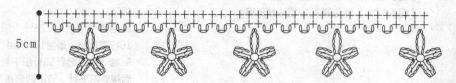

5cm

领口和袖口花边

1cm

花样B

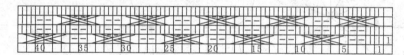

花样A

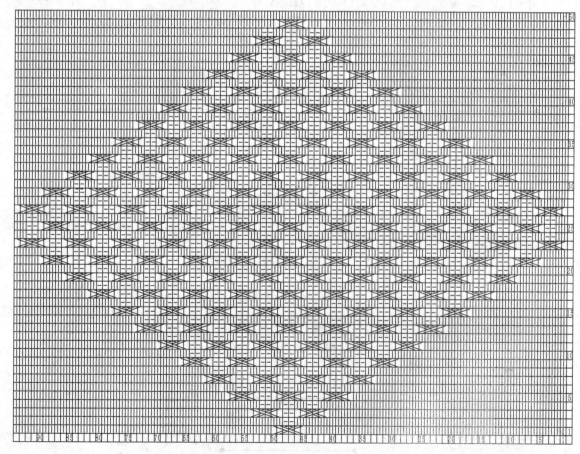

短袖套头长毛衣

【成品规格】胸围72cm，衣长70cm，袖长20cm
【工　　具】6号棒针1副
【编织密度】（主要花型参考密度）17针×19行=10cm²
【编织材料】蓝粗毛线800g

编织要点

1. 前片：前片起68针织6行花样B，然后改织花样A，按图示留袖隆。

2. 后片：后片起68针织6行花样B，然后织花样A，按图解留袖隆。注意：后片比前片多织6行花样A。

3. 袖：袖起40针，织花样D，按图减针，减完织24cm后每2行停织5针织1次，每2行停织4针织2次，最后一起再织14行花样B收针。

4. 按花样C分别织两条80行的长条缝在衣服下摆，再在上面向下挑68针，织10cm收针。

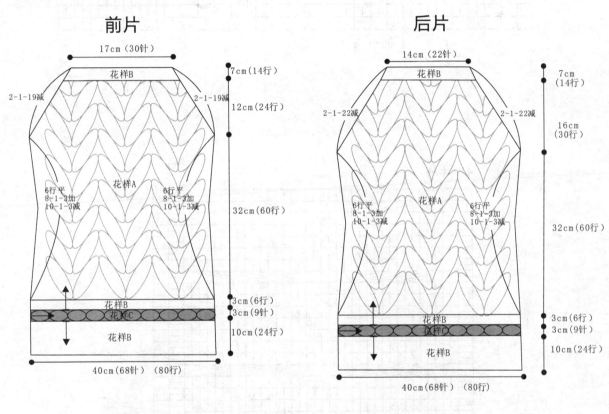

前片

17cm（30针）
花样B
7cm（14行）
2-1-19减
2-1-19减
12cm（24行）
花样A
32cm（60行）
6行平
8-1-3加
10-1-3减
6行平
8-1-3加
10-1-3减
花样B
3cm（6行）
花样C
3cm（9针）
花样B
10cm（24行）
40cm（68针）（80行）

后片

14cm（22针）
花样B
7cm（14行）
2-1-22减
2-1-22减
16cm（30行）
花样A
32cm（60行）
6行平
8-1-3加
10-1-3减
6行平
8-1-3加
10-1-3减
花样B
3cm（6行）
花样C
3cm（9针）
花样B
10cm（24行）
40cm（68针）（80行）

袖

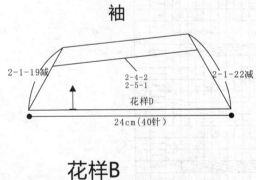

2-1-19减
2-4-2
2-5-1
2-1-22减
花样D
24cm（40针）

花样B
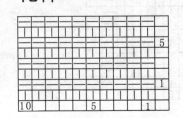

花样C
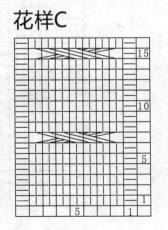

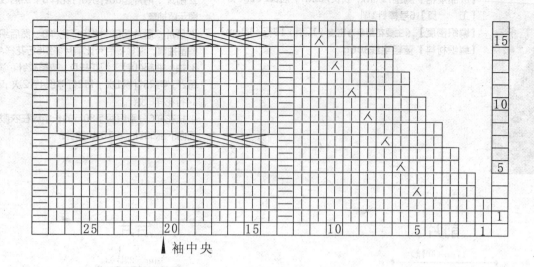

▲袖中央

花样A

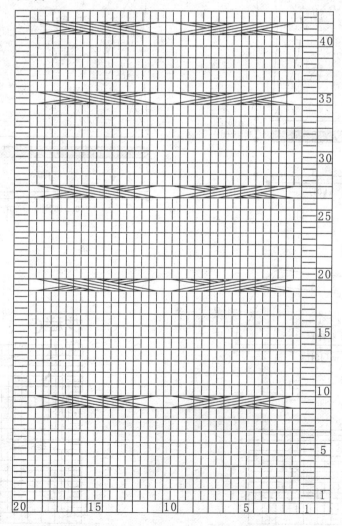

活力V领针织衫

【成品规格】胸围72cm，衣长52cm，袖长58cm，肩宽23cm
【工　　具】8号棒针1副
【编织密度】（主要花型参考密度）16针×14行=10cm²
【编织材料】草绿色粗丝带线400g

编织要点

1. 前后片从下一起圈织，按花样A图织到26cm后织下针，按图分领左右两边片织，注意右片从左里面挑16针织，再织8cm留袖隆。
2. 袖子：按花样B织袖边，再织下针，按图加针减针，最后缝合。

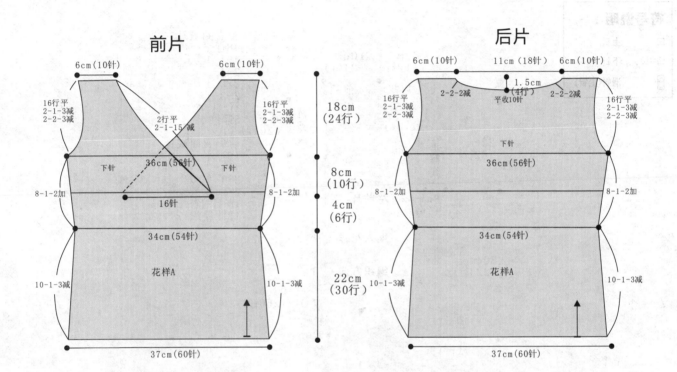

前片

6cm（10针）　　6cm（10针）
16行平　　　　　　　　　　16行平
2-1-3减　　　　　　　　　2-1-3减
2-2-3减　　　2行平　　　2-2-3减
　　　　　2-1-15减
　　　　　　　　　　　　18cm（24行）
下针　　36cm（56针）　　下针
　　　　　　　　　　　　8cm（10行）
8-1-2加　　　16针　　　8-1-2加
　　　　　　　　　　　　4cm（6行）
　　　34cm（54针）
花样A　　　　　　　　　22cm（30行）
10-1-3减　　　　　　　　10-1-3减
37cm（60针）

后片

6cm（10针）　11cm（18针）　6cm（10针）
　　　　　2-2-2减　　1.5cm（4行）　2-2-2减
16行平　　　　平收10针　　　　　16行平
2-1-3减　　　　　　　　　　　2-1-3减
2-2-3减　　　　　　　　　　　2-2-3减
　　　　　　　下针
　　　　36cm（56针）
8-1-2加　　　　　　　　　8-1-2加
　　　34cm（54针）
花样A
10-1-3减　　　　　　　　10-1-3减
37cm（60针）

袖

8cm（14针）
2-1-10减　　　　　2-1-10减
2-2-1减　　　　　　2-2-1减
　　24cm（38针）
　　　　　　　　　16cm（22行）
10行平　　　　　10行平
10-1-4加　　　　10-1-4加
　　　　　　　　　36cm（50行）
花样B
18cm（30针）　　　6cm（8行）

花样A

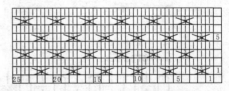

花样B

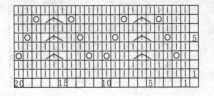

145

古典对襟长毛衣

【成品规格】胸围98cm，衣长102cm，背肩宽38cm
【工　　具】3mm棒针4枚
【编织密度】20针×28行=10cm²
【编织材料】枣红色中粗羊毛线650g

编织要点

前片为左右两片，后片为一片。

1. 按结构图先织后面单元片。编织方向为从下往上，起100针采用花样编织，要注意按图上标示的针法按图示进行减针，到合适高度后收出袖隆线，最后在离衣长1.5cm处开始收后领，将两侧肩线的针穿好，待和前片合并时再用。

2. 袖子：织前片，前片起49针。和后面一样往上织，采用花样编织，要注意图上标示的针法按图示减针，到合适高度后收出袖隆线。门襟另外织好后用手针缝合在门襟上。在离衣长9cm处开始收出前开领。

3. 先缝合两侧侧缝和肩缝，然后另织门襟并均匀地安装在两侧门襟上，最后再织衣领。

4. 按图示分别织出两个袋片，并安装在合适位置上。

符号说明：

符号	说明
□	上针
□=回	下针
回	滑针(上针)

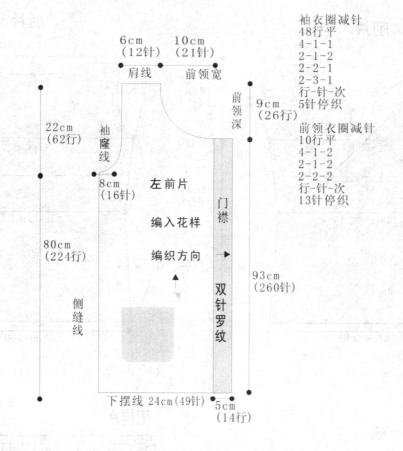

袖衣圈减针
48行平
4-1-1
2-1-2
2-2-1
2-3-1
行-针-次
5针停织

前领衣圈减针
10行平
4-1-2
2-1-2
2-2-2
行-针-次
13针停织

6cm（12针）
10cm（21针）
肩线
前领宽
前领深
9cm（26行）

22cm（62行）
袖隆线
8cm（16针）
左前片
编入花样
编织方向
门襟
双针罗纹
80cm（224行）
93cm（260针）
侧缝线
下摆线 24cm（49针）
5cm（14行）

花样针法图：

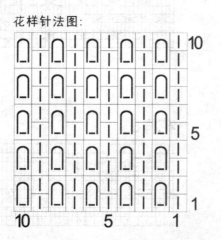

双针罗纹

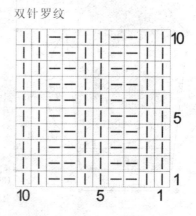

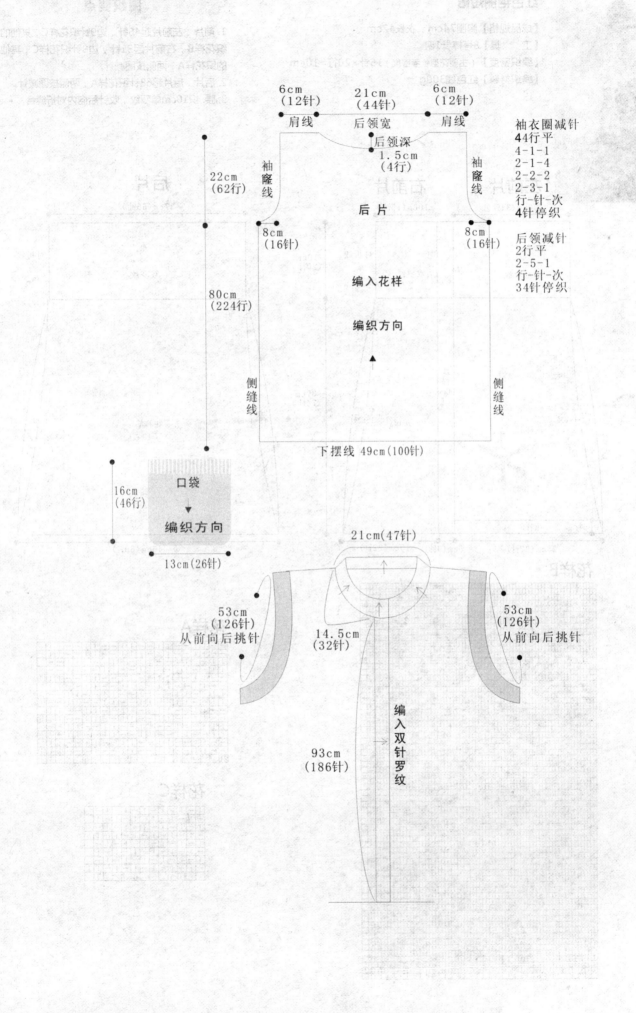

6cm
（12针）
肩线

21cm
（44针）
后领宽

6cm
（12针）
肩线

后领深
1.5cm
（4行）

袖衣圈减针
44行平
4-1-1
2-1-4
2-2-2
2-3-1
行-针-次
4针停织

22cm
（62行）

袖
窿
线

袖
窿
线

8cm
（16针）

8cm
（16针）

后领减针
2行平
2-5-1
行-针-次
34针停织

后片

编入花样

编织方向

80cm
（224行）

侧
缝
线

侧
缝
线

下摆线 49cm（100针）

16cm
（46行）

口袋
编织方向

13cm（26针）

21cm（47针）

53cm
（126针）
从前向后挑针

53cm
（126针）
从前向后挑针

14.5cm
（32针）

93cm
（186针）

编入双针罗纹

147

红色艳丽短裙

【成品规格】胸围74cm，衣长42cm
【工　　具】8号棒针1副
【编织密度】（主要花型参考密度）15针×20行=10cm²
【编织材料】红色线300g

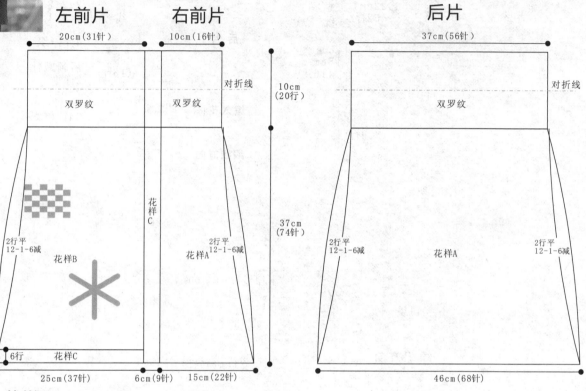

左前片　　右前片　　　　　　后片

20cm(31针)　10cm(16针)　　　37cm(56针)

对折线　　　10cm(20行)

双罗纹　　双罗纹　　　　　双罗纹

花样C

37cm(74针)

花样B

2行平 12-1-6减　　花样A 2行平 12-1-6减

2行平 12-1-6减　　花样A　　2行平 12-1-6减

6行　花样C

25cm(37针)　6cm(9针)　15cm(22针)　　46cm(68针)

花样B

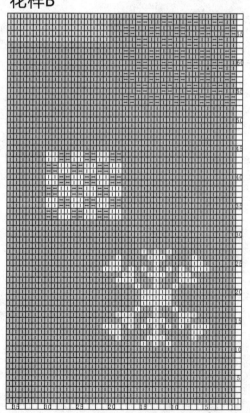

花样A

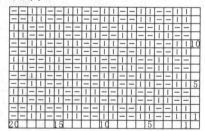

花样C

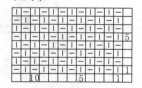

冷艳短袖开衫

【成品规格】胸围90cm，衣长41cm，袖长26cm
【工　　具】6号棒针1副
【编织密度】（主要花型参考密度）12.5针×14行＝10cm²
【编织材料】黑粗毛线500g

编织要点

1. 前片：门襟和衣片一共起33针，门襟织花样B，衣片先织一行下针一行上针织4行，然后织花样B共织10cm，按图留袖隆、领窝。
2. 后片：后片起57针，织4行一行下针一行上针，然后织花样B共织10cm，再按图示花样排列编织后片，按图留袖隆。
3. 袖：袖起49针，织花样C按图减针，织好后和衣片缝合。
4. 领：在领口挑52针（注意门襟不挑），织花样B，织16行，最后4行织一行上针一行下针，然后平收。

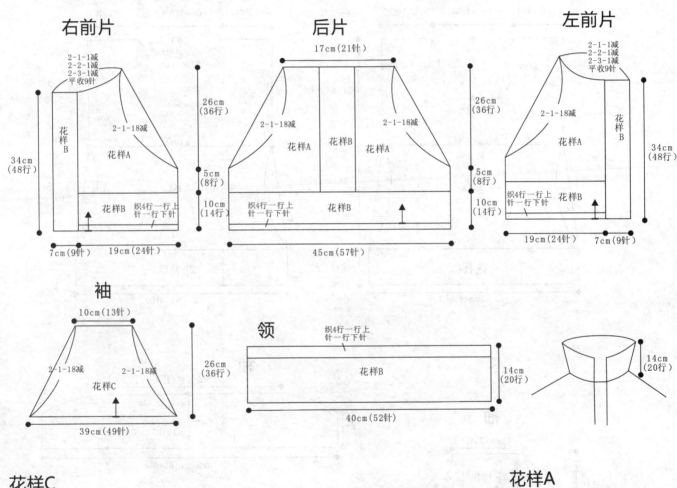

右前片

2-1-1减
2-2-1减
2-3-1减
平收9针

花样B

花样A

2-1-18减

34cm（48行）

26cm（36行）

5cm（8行）

10cm（14行）

花样B

织4行一行上针一行下针

7cm（9针）　19cm（24针）

后片

17cm（21针）

2-1-18减　　2-1-18减

花样A　花样B　花样A

26cm（36行）

5cm（8行）

10cm（14行）

织4行一行上针一行下针　花样B

45cm（57针）

左前片

2-1-1减
2-2-1减
2-3-1减
平收9针

2-1-18减

花样A　花样B

26cm（36行）

5cm（8行）

10cm（14行）

34cm（48行）

织4行一行上针一行下针　花样B

19cm（24针）　7cm（9针）

袖

10cm（13针）

2-1-18减　　2-1-18减

花样C

26cm（36行）

39cm（49针）

领

织4行一行上针一行下针

花样B

40cm（52针）

14cm（20行）

14cm（20行）

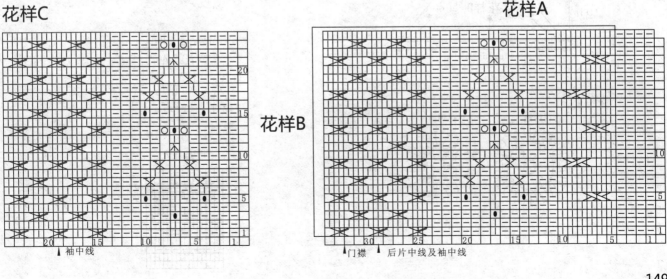

花样C

20

15

10

5

20　　15　　10　　5

袖中线

花样A

10

5

花样B

30　　25　　20　　15　　10　　5　　1

门襟　　后片中线及袖中线

149

红色娇艳短袖衫

【成品规格】胸围60cm，衣长48cm，袖长11cm，
肩宽60cm
【工　　具】6号棒针1副
【编织密度】（主要花型参考密度）12针×16行=10cm²
【编织材料】红色粗毛线500g

编织要点

1. 前片：起40针，织花样C织14行，然后织花样
A，两侧按图收针按图留领窝。
2. 后片：后片起40针，织法同前片，按图留后领
窝。
3. 袖：袖起54针，按图减针，织好后和衣片缝
合。
4. 领：另起8针，织领子花样，每2行加1针，加
7次，然后平织74行，再每2行减1针减7次，平
收，将织好的领子按图缝在衣片上。

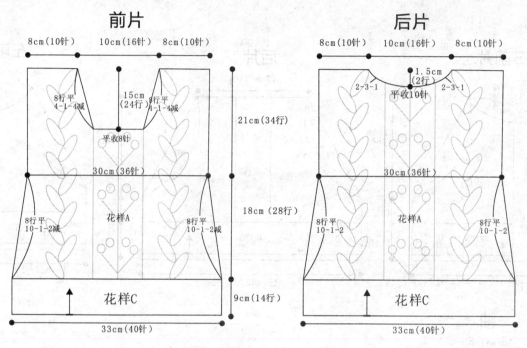

前片

8cm（10针）　10cm（16针）　8cm（10针）

8行平
4-1-4减　　15cm（24行）　　8行平
4-1-4减

平收8针

21cm（34行）

30cm（36针）

18cm（28行）

8行平
10-1-2减　　花样A　　8行平
10-1-2减

花样C

9cm（14行）

33cm（40针）

后片

8cm（10针）　10cm（16针）　8cm（10针）

1.5cm（2行）

2-3-1　平收10针　2-3-1

30cm（36针）

8行平
10-1-2　　花样A　　8行平
10-1-2

花样C

33cm（40针）

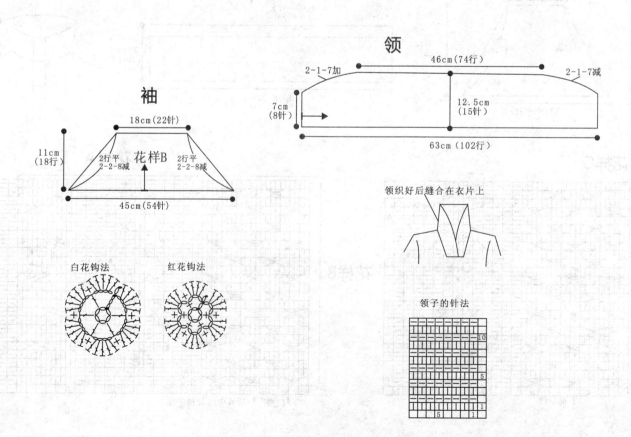

领

2-1-7加　　46cm（74行）　　2-1-7减

7cm（8针）　　12.5cm（15针）

63cm（102行）

袖

18cm（22针）

11cm（18行）　2行平
2-2-8减　花样B　2行平
2-2-8减

45cm（54针）

白花钩法　　红花钩法

领织好后缝合在衣片上

领子的针法

150

花样A

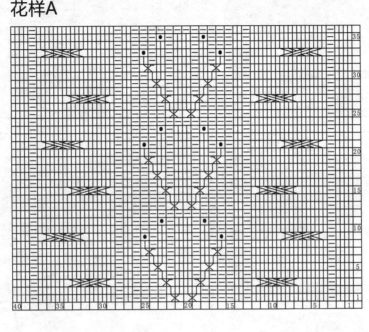

花样B

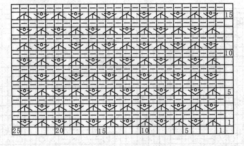

花样C

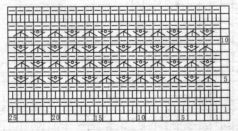

优雅大气披肩

【成品规格】长148cm，宽40cm
【工　　具】6号棒针1副
【编织密度】（主要花型参考密度）12.5针×14.5行=10cm²
【编织材料】灰色毛线400g

编织要点

起50针按图解花样编织，两侧对称，织216行收针，两边做上流苏。

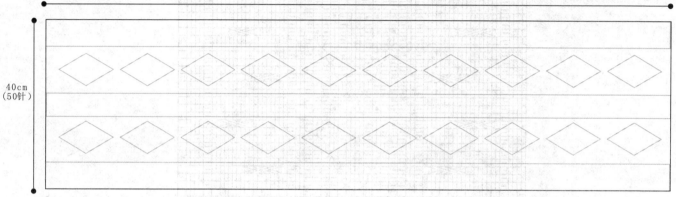

148cm（216行）

40cm
（50针）

编织花样

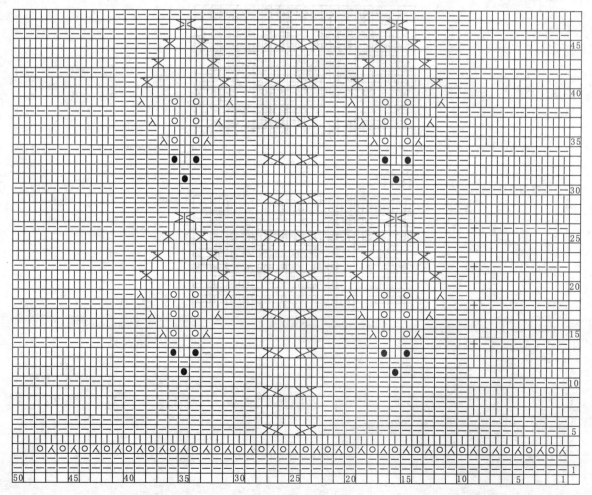

简约配色长毛衣

【成品规格】衣长71cm，胸围66cm
【工　　具】6号棒针1副
【编织密度】（主要花型参考密度）13针×13行＝10cm²
【编织材料】各色粗毛线500g

编织要点

1. 前片：起31针，按图织门襟及衣身。
2. 后片：后片起49针，按图编织。
3. 在前后片之间各起26针，一起向上编织，织一行上针一行下针织20行，然后隔一行每8针减1针，共4次，最后除门襟外剩82针，在领口挑帽子。

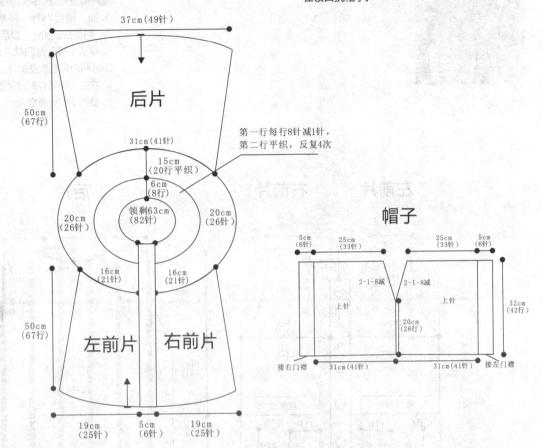

后片

37cm（49针）

50cm（67行）

31cm（41针）

第一行每行8针减1针，第二行平织，反复4次

15cm（20行平织）

6cm（8行）

领剩63cm（82针）

20cm（26针）

20cm（26针）

16cm（21针）

16cm（21针）

左前片　右前片

50cm（67行）

19cm（25针）　5cm（6针）　19cm（25针）

帽子挑94针

帽子

5cm（6针）　25cm（33针）　25cm（33针）　5cm（6针）

2-1-8减　2-1-8减

上针　上针

32cm（42行）

20cm（26行）

接右门襟　31cm（41针）　31cm（41针）　接左门襟

左前片

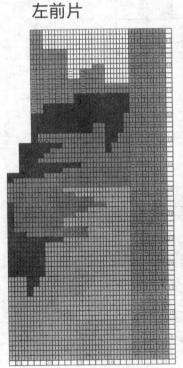

右前片

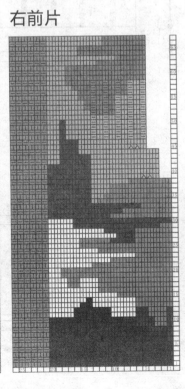

后片

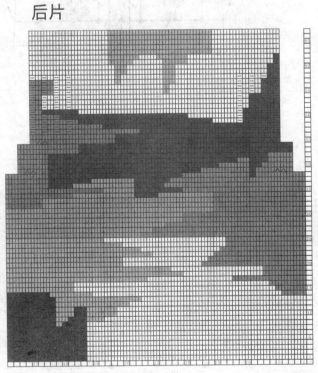

153

休闲连帽长毛衣

【成品规格】衣长71cm，胸围80cm，袖长62cm，
　　　　　　肩宽34cm
【工　　具】6号棒针1副
【编织密度】（主要花型参考密度）12针×16行＝10cm²
【编织材料】白色粗毛线1000g

1. 前片：起31针，门襟留5针织一行下针一行上针，其他的织花样D织18行换织花样C织25cm，按图示并掉4针，然后织双罗纹织8行，再换织花样B，按图示留袖窿、领窝。

2. 后片：后片起48针织18行花样D，然后织花样A，按图两侧留袖窿以及后领窝。

3. 袖：袖起24针，按袖口花样织袖口，然后织花样A，两侧按图加针，最后织袖山。

4. 帽子：帽子连门襟共起52针，织帽子花样，在中间部分两边分别按图加针，织30cm高平收，帽顶缝合。

5. 衣兜：织花样B，按图编织，最后缝在相应位置。

6. 腰带：织一条宽5cm、长150cm带子系在腰间。

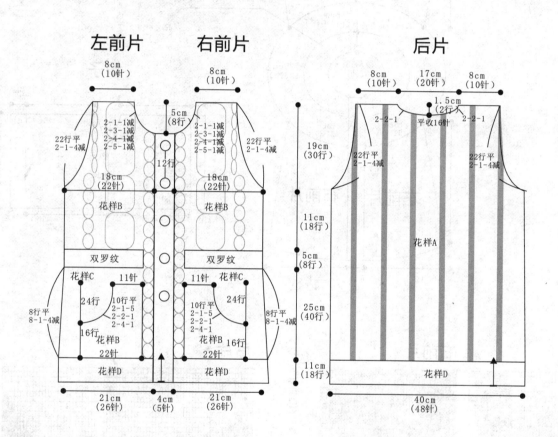

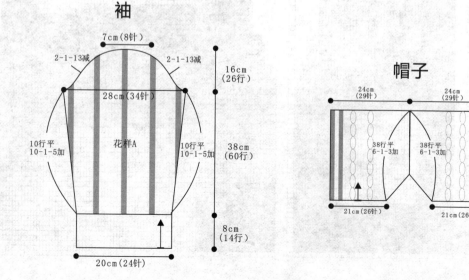

154

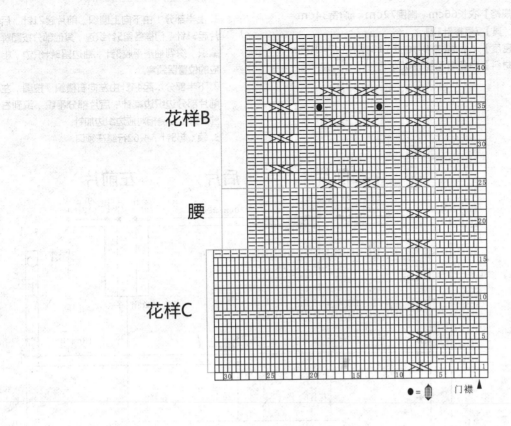

花样B

腰

花样C

● = 🔲   门襟 ↑

袖口花样

帽子花型

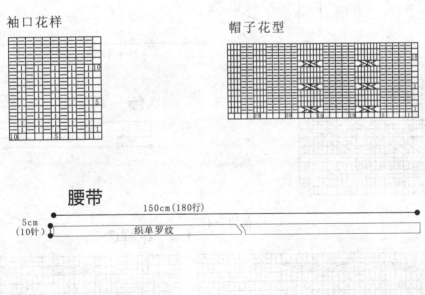

腰带

150cm（180行）

5cm
（10针）

织单罗纹

花样D

花样A

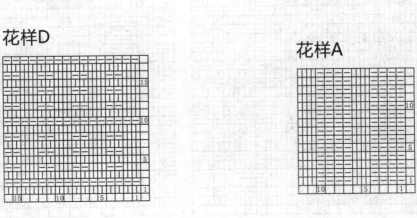

秀雅可爱小开衫

【成品规格】衣长66cm，胸围72cm，肩宽34cm
【工　　具】7号棒针1副
【编织密度】（主要花型参考密度）13针×18行＝10cm²
【编织材料】白色粗毛线1200g

编织要点

1. 上半部分：由下向上编织，前片起21针，后片起51针，门襟各留5针织边，其他部分按图解编织，织到袖窿平收3针，袖边留3针织边，相应的位置留领窝。
2. 下半部分：起44针由左向右横织，按图，左前片部分边织边减针，后片部分平织，织到右前片时和左侧相对应边织边加针。
3. 领：起5针，织62行缝在领口。

纽扣钩法

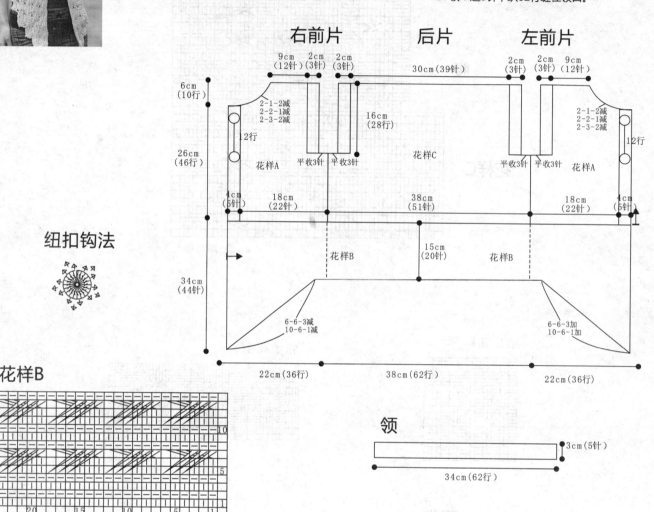

右前片　后片　左前片

9cm（12针）　2cm（3针）　2cm（3针）　30cm（39针）　2cm（3针）　2cm（3针）　9cm（12针）

6cm（10行）

2-1-2减
2-2-1减
2-3-2减
12行

16cm（28行）

花样C

2-1-2减
2-2-1减
2-3-2减
12行

26cm（46行）

花样A　平收3针　平收3针　花样A

4cm（5针）　18cm（22针）　38cm（51针）　18cm（22针）　4cm（5针）

15cm（20针）

花样B　花样B

34cm（44针）

6-6-3减
10-6-1减

6-6-3加
10-6-1加

22cm（36行）　38cm（62行）　22cm（36行）

领

3cm（5针）

34cm（62行）

花样B

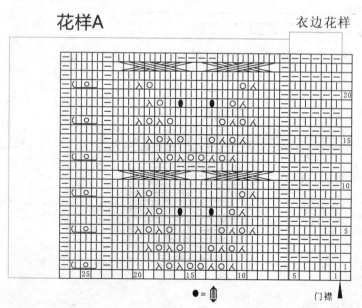

10

5

20　15　10　5　1

花样A

衣边花样

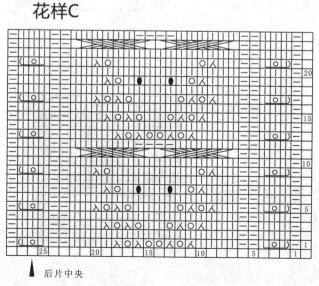

花样C

20

15

10

5

1

25　20　15　10　5　1

●＝

门襟▲

▲后片中央

156

个性黑色无袖衫

【成品规格】衣长58cm，胸围60cm，肩宽27cm
【工　　具】8号棒针1副
【编织密度】（主要花型参考密度）12针×13行=10cm²
【编织材料】黑色粗毛线500g

编织要点

1. 前片、后片、门襟连起88针，两边各留4针织花样C，其他织8cm花样B，然后织12cm下针后，前片按图织花样A，后片织下针，按图留袖窿和领窝。
2. 帽子：从两边衣襟衣领挑8针，按图边挑边加针，然后将剩余部分一同挑起合围起来，织到26cm处按图从中间两边减针。帽顶缝合。

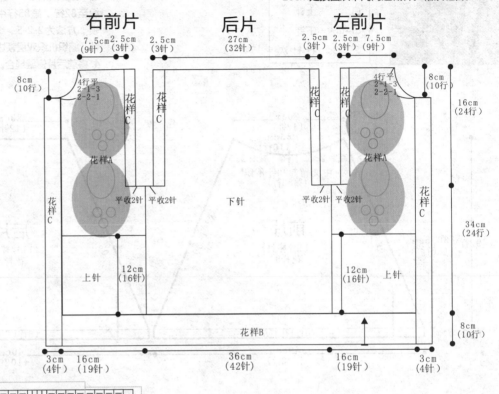

花样C

花样A

花样B

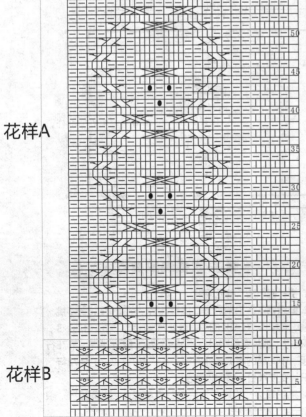

帽子

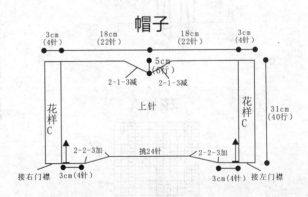

格点带帽披肩

【成品规格】衣长35cm，衣摆宽49cm，帽长28cm
【工　　具】11号棒针1副
【编织密度】21针×28行=10cm²
【编织材料】紫色棉线400g

符号说明：
□	上针
□=□	下针
2-1-3	行-针-次

前片/后片编织要点

1. 棒针编织法，衣服分为前片和后片来编织，完成后缝合而成。
2. 起织后片，双罗纹针起针法，起102针织花样A，织6行后，改织花样B，一边织一边两侧减针，方法为3-1-30，织至92行，织片余下42针，接着编织机织双层领边。
3. 起织前片，双罗纹针起针法，起102针织花样A，织6行后，改织花样B，一边织一边两侧减针，方法为3-1-30，织至82行，第83行中间留20针不织，两侧减针织成前领，方法为2-2-5，织至92行，挑起前片所有针数共42针，编织机织双层领边。
4. 将前后片侧缝缝合。

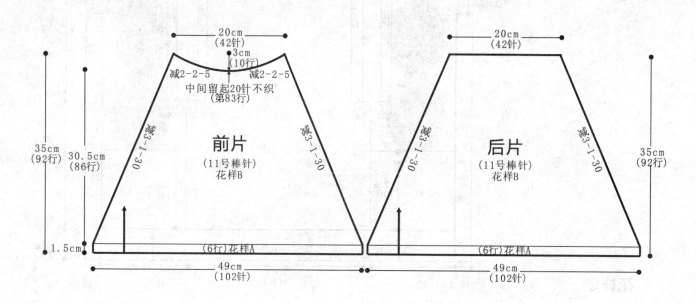

花样A
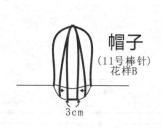

帽子
（11号棒针）
花样B

花样B
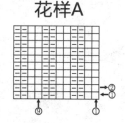

花样C
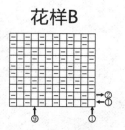
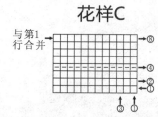

与第1行合并

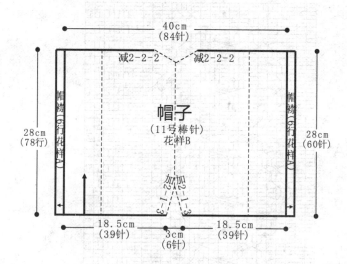

帽子/衣襟编织要点

1. 棒针编织法，往返编织。
2. 编织帽子。沿前后领口挑起78针，前襟留起6针不挑，编织花样B，在织片的中间缝处对称加针，方法为2-1-3，织6行，织片变成84针，不加减针往上织至74行，第75行起，中间缝的两侧对称减针，方法为2-2-2，织至78行，织片变成76针，将帽顶缝合。
3. 挑织帽边，沿帽子边沿挑针织花样A，挑起60针，织6行后，收针断线。

158

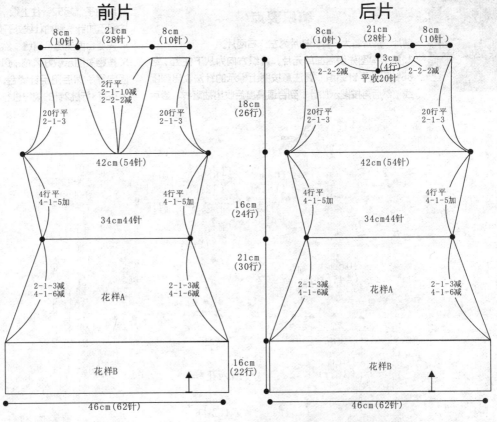

无袖圆领针织衫

【成品规格】 衣长70cm，肩宽40cm，胸围84cm
【工　　具】 6号棒针1副，2.5mm钩针1根
【编织密度】 13针×14.5行＝10cm²
【编织材料】 灰色毛线400g

编织要点

1. 前片：单片起62针，按图解花样编织，按图两侧留腰线。相应位置留出前领窝。
2. 后片：后片起62针，织法同前片，相应位置留出后领窝。
3. 领：在领口用短针钩一圈。

前片

8cm (10针)　　21cm (28针)　　8cm (10针)

2行平
2-1-10减
2-2-2减

20行平
2-1-3　　　　　　　　20行平
　　　　　　　　　　　2-1-3

42cm (54针)

4行平
4-1-5加　　　　　　　4行平
　　　　　　　　　　　4-1-5加

34cm44针

2-1-3减
4-1-6减　　花样A　　2-1-3减
　　　　　　　　　　　4-1-6减

花样B

46cm (62针)

后片

8cm (10针)　　21cm (28针)　　8cm (10针)

3cm (4行)
2-2-2减　平收20针　2-2-2减

20行平
2-1-3　　　　　　　　20行平
　　　　　　　　　　　2-1-3

42cm (54针)

4行平
4-1-5加　　　　　　　4行平
　　　　　　　　　　　4-1-5加

34cm44针

2-1-3减
4-1-6减　　花样A　　2-1-3减
　　　　　　　　　　　4-1-6减

花样B

46cm (62针)

18cm (26行)

16cm (24行)

21cm (30行)

16cm (22行)

花样A
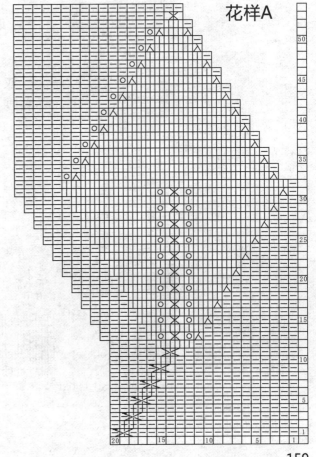

花样B
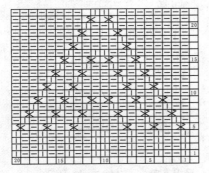

159

简约V领长袖针织衫

【成品规格】衣长65cm，肩背宽38cm，胸围96cm，
　　　　　　袖长58cm
【工　　具】4.5mm棒针4枚
【编织密度】18针×22行=10cm²
【编织材料】褐色中粗羊毛线780g

编织要点

前片、后片各为一片。袖片为左、右两片。
1. 按结构图先织后面单元片。编织方向为从下往上，起86针采用平针编织，要注意按图上标示的针法收出腰围线，然后再按图示加针，到合适高度后收出袖窿线，最后

在离衣长1.5cm处开始收后领。将两侧肩线的针穿好，待和前片合并时再用。
2. 织前片，起86针和后面一样往上织，采用花样编织，要注意按图上标示的针法收出腰围线，然后再按图示加针，到合适高度后收出袖窿线，继续织8行后，平收10针，为前领开口。要注意离衣长9cm处开始按图示收出前领来。将两侧肩线的针和前片合并。
3. 织袖子，起52针往上织，同时要注意在两侧袖下线处按图示加针，到袖壮处开始按结构图收出袖山来。
4. 先缝合两侧缝合肩缝，然后装袖子。
5. 按相关图示织好风帽，风帽的中点对准后片中心点并固定好，然后用手针缝合。在帽沿和前领开口处挑针（按每3行挑2针的规律进行）横织15行双针罗纹。

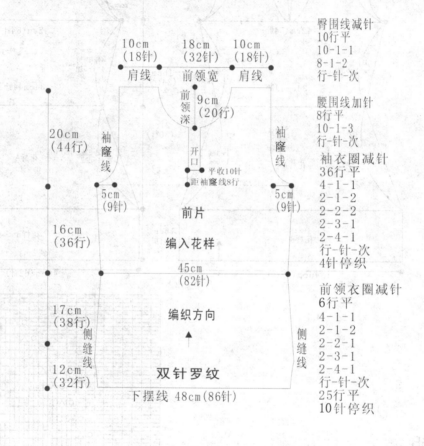

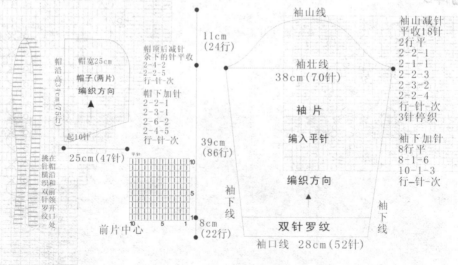

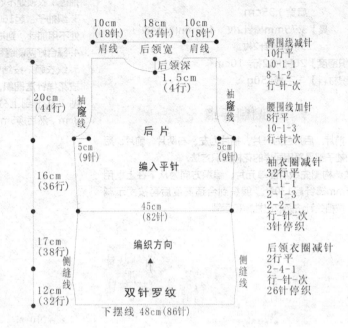

符号说明：

⊟	上针
□=⊡	下针
2-1-3	行-针-次
⬙⬙⬙	2针右下交叉
⬙⬙⬙⬙	3针右下交叉

双针罗纹

花样针法图:

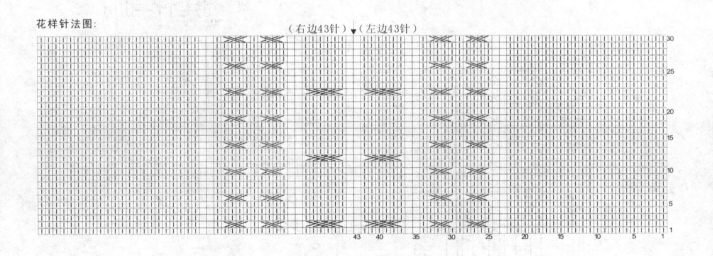

秀雅短袖套头衫

【成品规格】衣长63cm，胸围99cm，袖长（含单侧
肩宽）35cm
【工　　具】3.75mm棒针2枚，4.5mm棒针4枚，
5mm棒针2枚
【编织密度】26针×32行＝10cm²
【编织材料】羊毛线550g

编制要点

　　前片、后片各为一片。袖片为左、右两片。前片、后片和袖子都是采用同样的花样编织方法。
1. 按结构图先织后面单元片。编织方向为从下往上，用3.75mm棒针起130针，编织到合适高度后再按图示减针，按相关针法图收出袖隆和后领。

2. 织前片，编织方向为从下往上，起130针采用平针编织，到合适高度后同样按图示减针，按相关针法图收出袖隆，衣领处不收针。
3. 织袖子，起160针从下往上织，要注意在两侧袖下线处不用加针，到袖壮线处开始按结构图收出袖山来。
4. 缝合好两侧缝和插肩缝。
5. 织衣领，按结构图挑出针来先织3cm单针罗纹后再按花样针法图织。需要注意的是，为使衣领翻转后服帖，从下到上分别选用3.75mm、4.5mm棒针各织3cm，然后换5mm棒针织完衣领高度后收针。

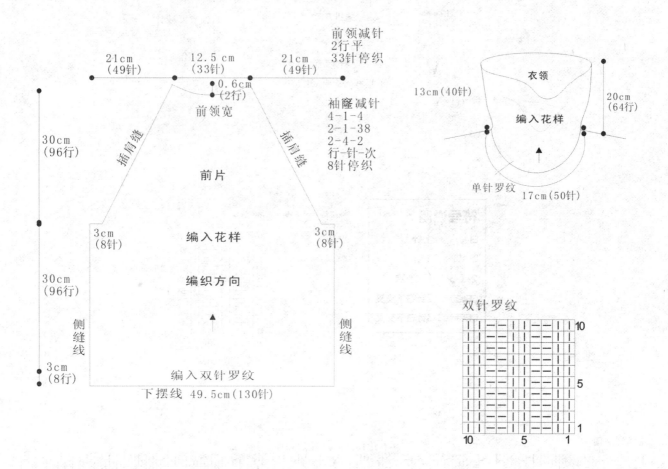

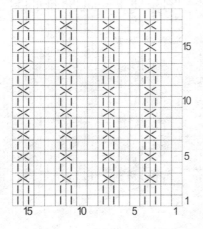

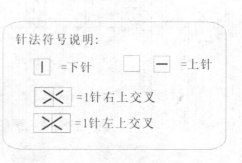

针法符号说明：

| | ＝下针　　　□　—＝上针

✕ ＝1针右上交叉

✕ ＝1针左上交叉

袖山减针
2-1-N
4-2-8
行-针-次
8针停织

27.5cm(70针)　　7cm(20针)　　27.5cm(70针)

袖山中央减针
2行平
20针停织

袖 片

编入花样

编织方向

30.5cm
(98行)

3cm
(8针)

3cm
(8行)

3cm
(8针)

编入单针罗纹

袖口线 62cm(160针)

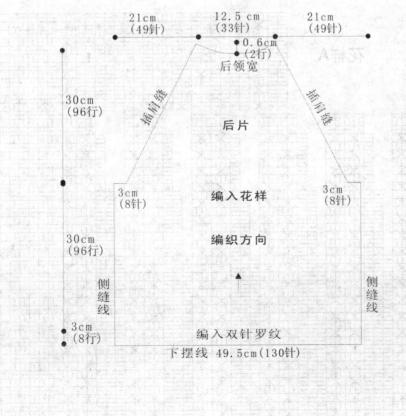

21cm
(49针)　　12.5cm
(33针)　　21cm
(49针)

0.6cm
(2行)

后领宽

后领减针
2行平
33针停织

袖窿减针
4-1-4
2-1-38
2-4-2
行-针-次
8针停织

30cm
(96行)

插肩缝　　　　插肩缝

后 片

3cm
(8针)　　编入花样　　3cm
(8针)

30cm
(96行)

编织方向

侧缝线　　　　侧缝线

3cm
(8行)

编入双针罗纹

下摆线 49.5cm(130针)

淡雅两穿式无袖衫

【成品规格】衣长54cm，肩宽29cm，胸围72cm
【工　　具】6号棒针1副
【编织密度】（主要花型参考密度）17针×18行=10cm²
【编织材料】白色粗毛线500g

编织要点

1. 前片：单片起44针，靠门襟5针织一行下针一行上针，其他部分按图解编织。
2. 后片：后片与前片织法相同。

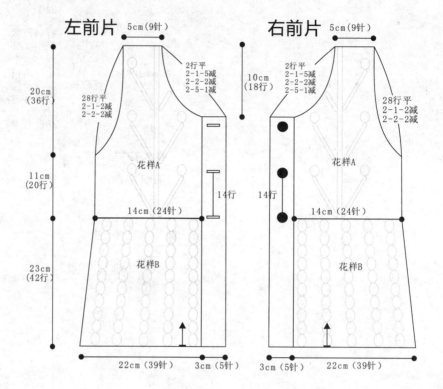

清纯无袖开衫
参考
休闲无袖开衫

左前片 5cm（9针）   右前片 5cm（9针）

2行平
2-1-5减
2-2-2减
2-5-1减

10cm
（18行）

28行平
2-1-2减
2-2-2减

20cm
（36行）

花样A

11cm
（20行）

14行

14cm（24针）

23cm
（42行）

花样B

22cm（39针）   3cm（5针）   3cm（5针）   22cm（39针）

门襟

花样A

扣眼

花样B

• = 🪡

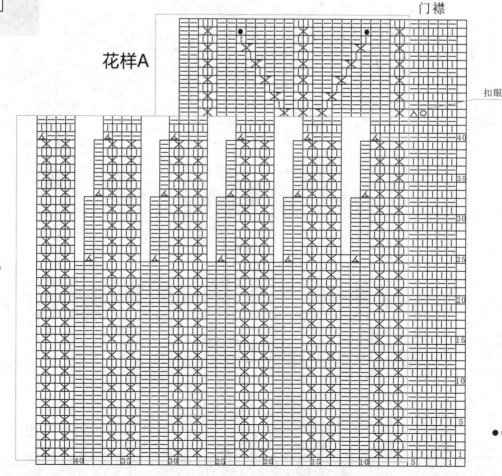

164

成熟短袖开衫

【成品规格】衣长41cm，袖长26cm，胸围90cm
【工　　具】6号棒针1副
【编织密度】（主要花型参考密度）12.5针×14行＝10cm²
【编织材料】浅咖啡色粗毛线500g

编织要点

1. 前片：门襟和衣片一共起33针，门襟织花样B，衣片先织一行下针一行上针织4行，然后织花样B共织10cm，按图留袖窿、领窝。
2. 后片：后片起57针，织4行一行下针一行上针，然后织花样B共织10cm，再按图示花样排列编织后片，按图留袖窿。
3. 袖：袖起49针，织花样C按图减针，织好后和衣片缝合。
4. 领：在领口挑52针（注意门襟不挑），织花样B，织16行，最后4行织一行上针一行下针，然后平收。

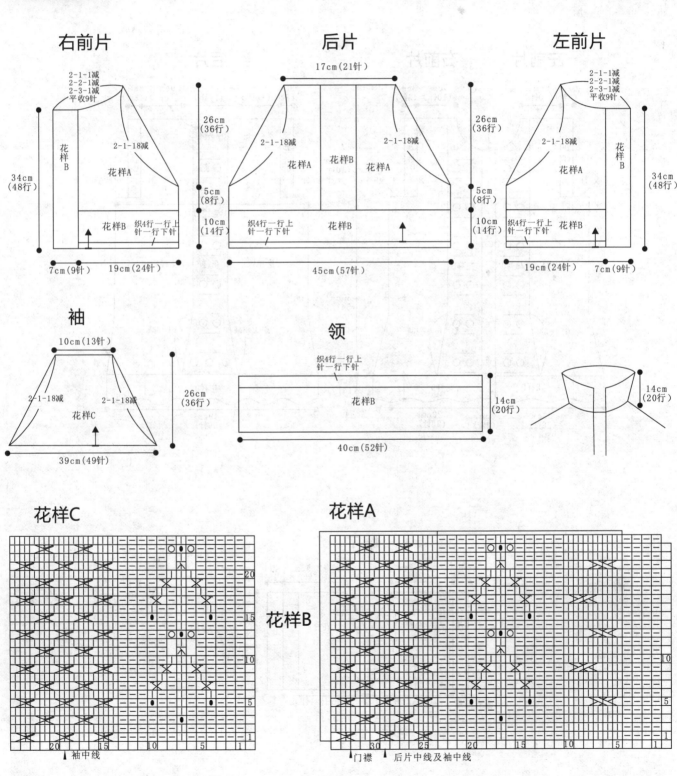

165

休闲无袖开衫（清纯无袖开衫）

【成品规格】衣长63cm，肩宽36cm，胸围88cm
【工　　具】6号棒针1副
【编织密度】（主要花型参考密度）12针×15行＝10cm²
【编织材料】白色粗毛线500g

编织要点

1. 前片：起31针，内侧靠门襟的3针织花样B为衣边，其他织花样D，织8cm后按图编织花样，按图留袖隆及领窝。
2. 后片：后片起59针织8cm花样D，然后中间织花样F，两侧织花样A，按图留袖隆及后领窝。
3. 帽子：帽子共起48针，两侧各留3针织花样B为边，其他按图示花样排列编织。在中间部分平织32行后按图减针，最后平收缝合，做两个毛线球及带子缝在帽子两边作装饰。

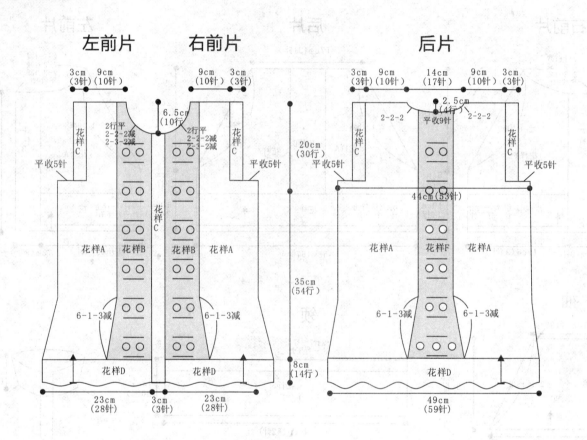

左前片　　右前片　　　　　后片

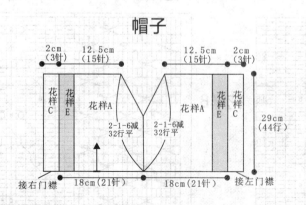

帽子

花样A

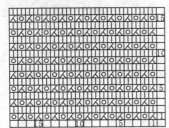

花样D

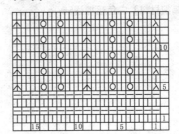

花样B   花样C   花样F

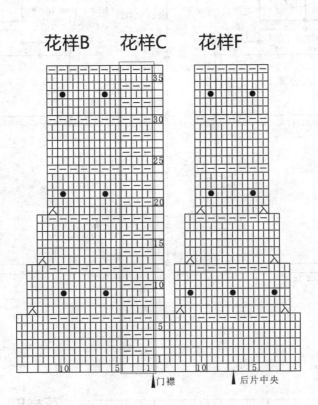

门襟   后片中央

花样E

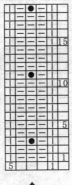

● = 凹

修身短袖圆领针织衫

【成品规格】衣长75cm，胸围76cm
【工　　具】6号棒针1副
【编织密度】（主要花型参考密度）11针×12行=10cm²
【编织材料】白色粗棉线500g

编织要点

1.前片：起60针，织花样B，两侧按图减针留腰线，织34cm后换织花样A，织16行，然后按图织下针和花样B，中间按图留领，两侧按图加针。
2.后片：同前片。

前片

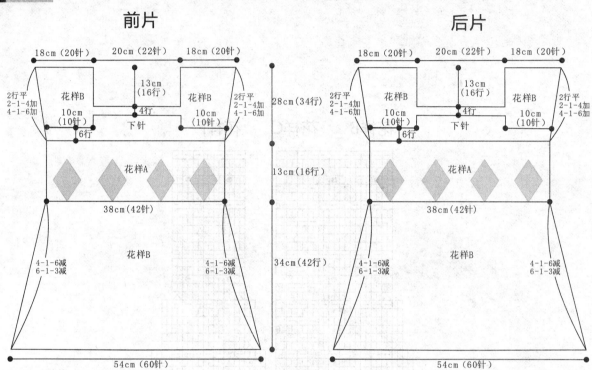

后片

花样A

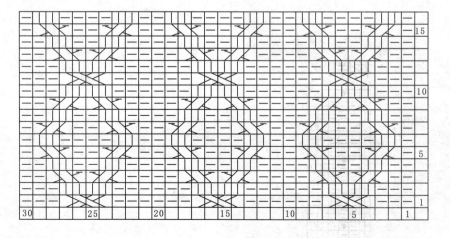

花样B

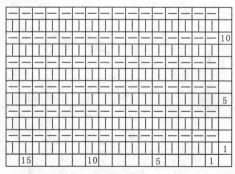

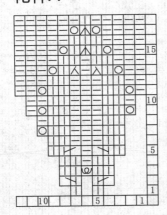

秀雅粉蝶衫

【成品规格】衣长66cm，胸围60cm，肩宽30cm
【工　　具】6号棒针1副
【编织密度】（主要花型参考密度）12.5针×13行=10cm²
【编织材料】粉色粗毛线500g

编织要点

整件衣服分A和B两部分编织。

1. A部分：由中心开始向外编织，圆心一次起16针，分8瓣，每瓣均按花样A编织。

2. B部分：起38针，按花样B编织，当外侧织到28行内侧织到20行时内侧停织3针，外侧在织42行内侧织到36行时，内侧加3针，按图解右侧相对称。

3. 袖：袖口起32针织双罗纹织10行，然后织下针织39cm，按图腋下两侧加针，按图减袖山，最后平收。

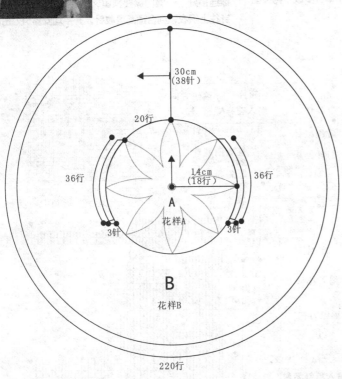

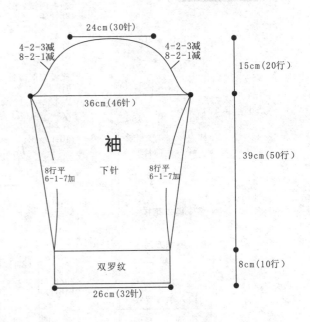

花样A

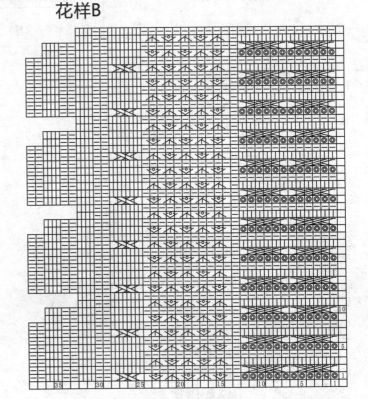

花样B

169

蓝色端庄长款大衣

【成品规格】衣长72.5cm，胸围97cm，背肩宽38cm，
袖长60cm
【工　　具】7.5mm棒针4枚，2cm胶木纽扣5枚
【编织密度】（主要花型参考密度）15针×16行=10cm²
【编织材料】蓝色羊毛线850g

编织要点

前片、袖片为左、右两片，后片为一片。
1. 按结构图先织后面单元片。编织方向为从下往上，起75针采用花样A编织15cm，然后织8cm单针罗纹，再按图示的花样针法往上织到合适高度后收出袖隆线，最后在离衣长1.5cm处开始收后领。将两侧肩线的针穿好，待和前片合并时再用。
2. 织前片，起36针和后面一样往上织，采用花样A编织15cm，然后织8cm单针罗纹，再按图示的花样针法往上织到合适高度后收出袖隆线，要注意在门襟这侧离衣长10cm处开始按图示收出前领。
3. 织袖子，起44针往上织，同时要注意在两侧袖下线处按图示加针，到袖壮处开始按结构图收出袖山来。
4. 先缝合两侧缝合肩缝，然后装袖子。
5. 织门襟起14针往上织单针罗纹到合适高度后，和门襟连接好，一侧门襟要预留5个扣眼，然后在领圈处挑针往上织衣领到合适高度收针。并平均安置5枚纽扣。

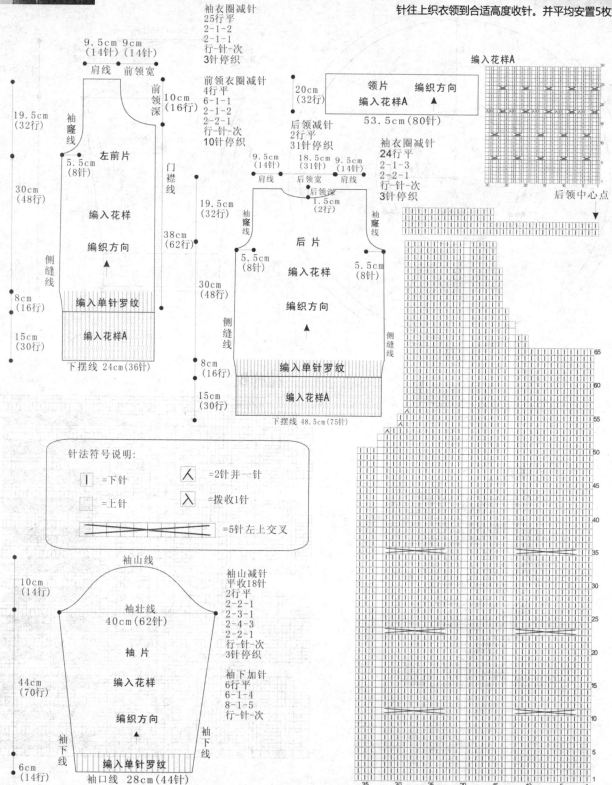

针法符号说明：

| = 下针　　　　 人 =2针并一针

□ = 上针　　　　 入 =拨收1针

　 =5针左上交叉

170

温暖长袖毛衣

【成品规格】衣长57cm，胸围88cm，袖长65cm
【工　　具】11号棒针，2.5mm钩针
【编织密度】（主要花型参考密度）23针×25行=10cm²
【编织材料】米色丝毛450g，咖啡色200g，纽扣4枚

编织要点

1. 后片：米色；起100针，织14行双罗纹，上面织平针织82行后收插肩袖，收针方法详见图解。

2. 前片：织间色花样；两片相对称，底边织14行双罗纹，边按图织间色花样。

3. 袖：织米色，从袖口起74针织20行后重叠成双层，平织8行，每8行加1针加7次后减针，每8行减1针减7次，上面织插肩袖，同身片。

4. 领：米色；所有衣片织完后缝合，在领口位置挑针织双罗纹，缝上扣子，完成。

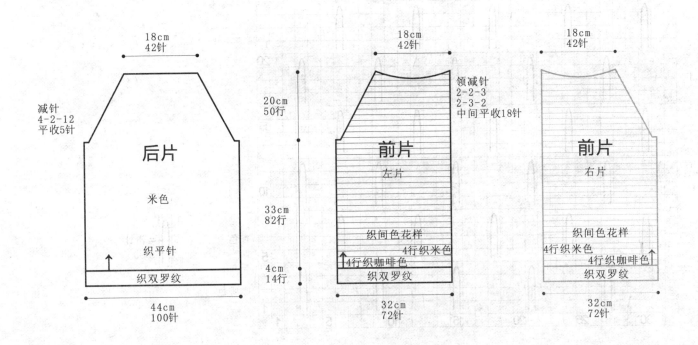

领

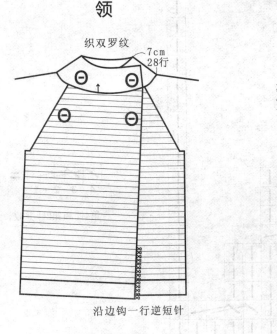

织双罗纹

7cm
28行

沿边钩一行逆短针

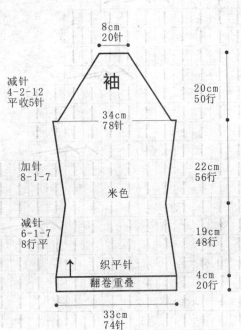

逆短针

XXXXXXXXXXXXXX

1.织物保持上一行的方向不变，将钩针插入倒数第1、2针之间　2.如图绕线并带出线圈　3.绕线并将线圈从前两针中带出

4.第一针完成　5.第二针开始（按前四步）进行　6.由左向右倒退着行进，得名"逆短针"

间色花样

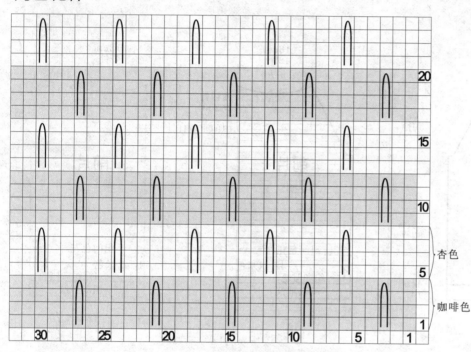

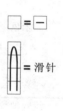

□ = ─

⌒ = 滑针

杏色

咖啡色

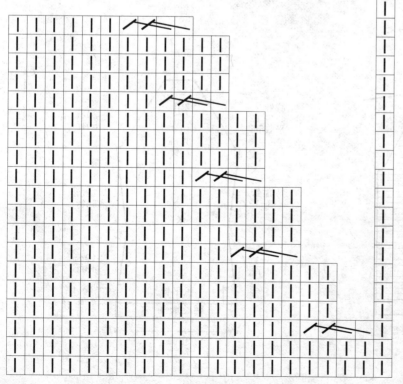

 =

第4针和第2针并收，第3针和第1针并收

插肩袖收针方法

个性配色短袖开衫

【成品规格】衣长66cm，胸宽42cm，袖长20cm
【工　　具】10号棒针
【编织密度】20针×24行＝10cm²
【编织材料】黑色线150g，段染花线500g

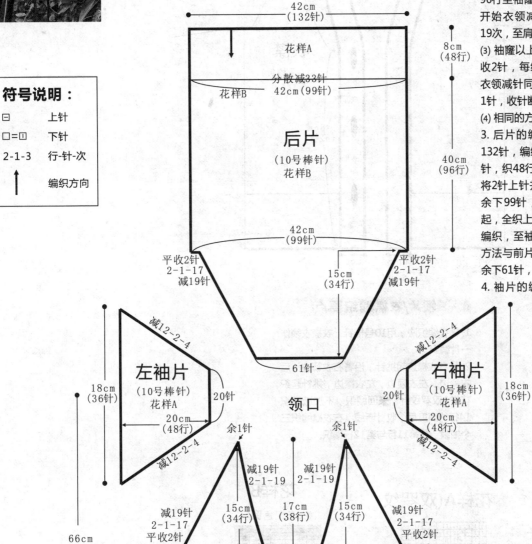

符号说明：

□	上针
□=回	下针
2-1-3	行-针-次
↑	编织方向

前片/后片/袖片编织要点

1. 棒针编织法，用10号棒针。由左前片、右前片、后片和2个袖片组成，从下往上编织。

2. 前片的编织。由右前片和左前片组成，以右前片为例。

(1) 起针，双罗纹起针法，起50针，编织花样A双罗纹针，不加减针，织48的高度。在最后一行里，将2针上针并为1针，一行内减少12针，织片余下38针，继续往上编织。

(2) 袖隆以下的编织。第49行起，依照花样B进行配色编织，全织上针，第1行至第10行用段染花线编织，第11行与第12行用黑色线编织，往上如此重复配色。不加减针，织96行至袖隆。左侧衣襟织成92行时，开始衣领减针，每织2行减1针，减19次，至肩部。

(3) 袖隆以上的编织。袖隆减针，先平收2针，每织2行减1针，减17次，与衣领减针同步进行，当减至最后余下1针，收针断线。

(4) 相同的方法去编织左前片。

3. 后片的编织。双罗纹起针法，起132针，编织花样A双罗纹针，不加减针，织48行的高度。在最后一行里，将2针上针并为1针，针数减少33针，余下99针，继续编织。然后第49行起，全织上针，并依照花样B进行配色编织，至袖隆，然后从袖隆起减针，方法与前片相同。当衣服织34行时，余下61针，全部收针断线。

4. 袖片的编织。双罗纹起针法，起36针，编织花样A双罗纹针，不加减针织12行的高度后，开始袖山减针编织，两边每织12行减2针，减4次，织成48行后，余下20针，收针断线，相同的方法去编织另一袖片。

5. 拼接。将前后片的插肩缝与袖片的插肩缝缝合，将前后片的侧缝对应缝合，将两袖片的侧缝缝合。

后片
(10号棒针)
花样B

花样A
分散减33针
42cm（99针）
花样B
42cm（132针）
42cm（99针）

8cm（48行）
40cm（96行）

平收2针
2-1-17
减19针

15cm（34行）

61针

左袖片
(10号棒针)
花样A
减12-2-4
18cm（36针）
20针
20cm（48行）
减12-2-4

右袖片
(10号棒针)
花样A
减12-2-4
18cm（36针）
20针
20cm（48行）
减12-2-4

领口

余1针

66cm

减19针
2-1-17
平收2针

减19针
2-1-19
15cm（34行）
17cm（38行）

左前片
(10号棒针)
花样B

40cm（96行）
38cm（92行）
25cm（38针）
分散减12针
花样A
8cm（48行）
25cm（50针）

右前片
(10号棒针)
花样B

40cm（96行）
38cm（92行）
25cm（38针）
分散减12针
花样A
8cm（48行）
25cm（50针）

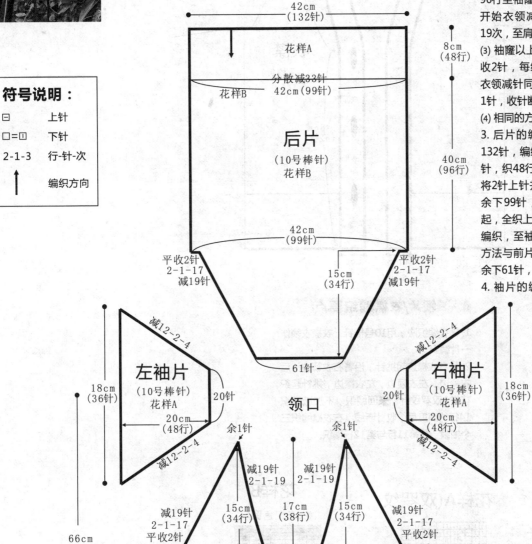

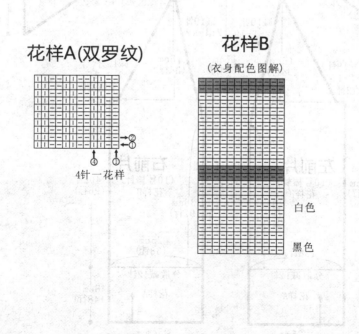

领片
（10号棒针）
花样A

19cm
（38针）

30cm
（60针）

衣襟
（10号棒针）
花样A

48cm
（92针）

5cm
（14行）

5cm
（14行）

领片/衣襟编织要点

1. 棒针编织法，用10号棒针，衣襟衣领作一片编织。

2. 从右衣襟边起挑针，沿着右衣领边，后衣领边，左衣领边，左衣襟边，挑针起织花样A双罗纹针，来回编织，不加减针织14行的高度后，收针断线，右衣襟编织三个扣眼，在第11行与第12行编织。

花样A(双罗纹)

②
①

④   ①

4针一花样

花样B

（衣身配色图解）

白色

黑色

气质半袖对襟衫

【成品规格】衣长80cm，胸宽52cm，肩宽42cm，
　　　　　　袖长33cm，下摆宽52cm
【工　　具】10号棒针
【编织密度】17针×24行=10cm²
【编织材料】灰色腈纶线750g，对扣子3对

1. 棒针编织法，用10号棒针。由左前片、右前片、后片组成，从下往上编织。

2. 前片的编织。由右前片和左前片组成，以右前片为例。

(1) 起针，双罗纹起针法，起44针，编织花样A双罗纹针，不加减针，织12行的高度。在最后一行时，将双罗纹针的2针上针并为1针，整个织片减少10针，织片余34针。

(2) 袖隆以下的编织。第13行起，全织下针，右侧侧缝进行加减针变化，左侧衣襟边不进行加减针。右侧缝加减针的方法是，织14行减1针，减4次，不加减针织30行的高度，接着加针，每织10行加1针，加4次，织成126行的高度，至袖隆。左前片的加减针是左侧缝，右侧衣襟不加减针。

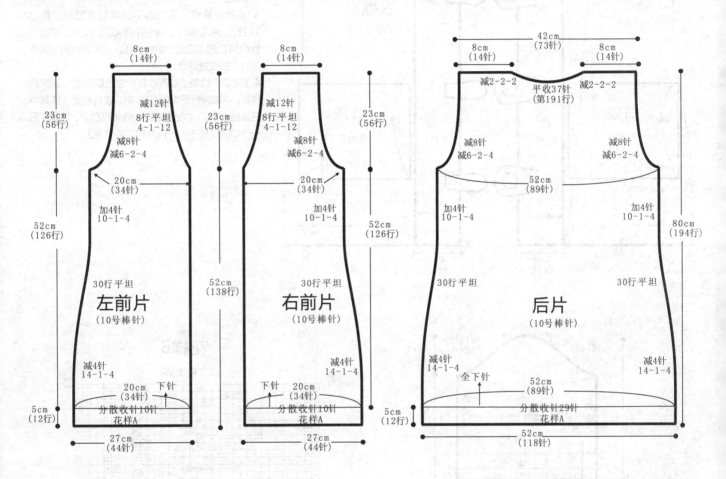

(3) 袖隆以上的编织。袖隆与衣襟同时减针变化，袖隆减针，每织6行减2针，减4次。衣襟减针，每织4行减1针，减12次，不加减针再织8行后，至肩部，余下14针，收针断线。

(4) 相同的方法去编织左前片。

3. 后片的编织。双罗纹起针法，起118针，编织花样A双罗纹针，不加减针，织12行的高度。在最后一行时，将双罗纹针的2针上针并为1针，整个织片减少29针，织片余下89针。然后第13行起，全织下针，两侧缝进行加减针变化，织14行减1针，减4次，不加减针再织30行，接着加针，每织10行加1针，加4次，至袖隆。然后袖隆起减针，方法与前片相同。减针后，不加减针织至第191行时，中间将37针收针，两边相反方向减针，每织2行减2针，减2次，两肩部余下14针，收针断线。

4. 拼接。将前后片的肩部对应缝合，将两侧缝对应缝合。

符号说明：

□	上针
□=□	下针
2-1-3	行-针-次
↑	编织方向
▨	左上3针与右下3针交叉

花样A(双罗纹)

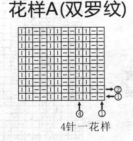

4针一花样

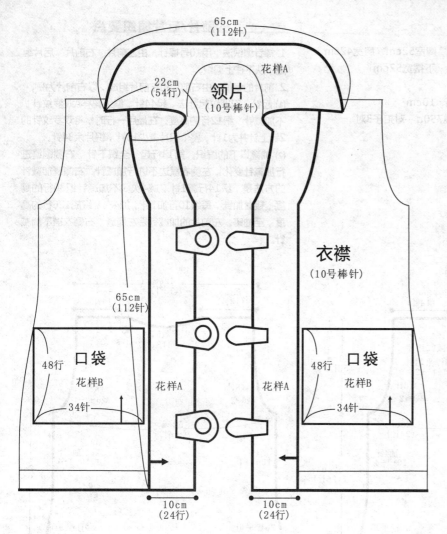

领片/衣襟编织要点

1. 棒针编织法，用10号棒针，先编织衣襟，再编织衣领。

2. 衣襟的编织。从衣摆起挑针，挑112针，来回编织花样A双罗纹针，不加减针织24行的高度后，收针断线。

3. 领片的编织，沿着余下的前后衣领边，挑出112针，来回编织，编织花样A双罗纹针，不加减针织54行的高度后，收针断线。将与衣襟的上侧边相对应的位置缝合。

4. 编织2个口袋，双罗纹起针法，起34针，起织花样B，不加减针织48行的高度，收针断线，将其中三边缝合于前片衣摆上边，相同的方法，再制作另一个口袋，缝于另一前片相同的位置上。

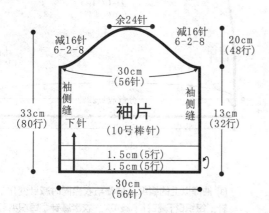

花样B

（口袋图解）

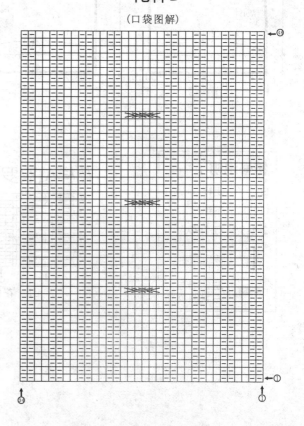

袖片编织要点

1. 棒针编织法，中长袖。从袖口起织。袖山收圆肩。

2. 起针，下针起针法，用10号棒针起织，起56针，来回编织。

3. 袖口的编织，起针后，编织下针，无加减针编织10行的高度后，将首尾两行拼接，形成管道，穿进松紧带。进入下一步袖身的编织。

4. 袖身的编织，从第11行，全织下针，两袖侧缝不加减针，行数织成22行，完成袖身的编织。

5. 袖山的编织，两边减针编织，减针方法为：两边每织6行减2针，减8次，余下24针，收针断线。以相同的方法，再编织另一只袖片。

6. 缝合，将袖片的袖山边与衣身的袖窿边对应缝合。将袖侧缝缝合。

长款半袖V领衫

【成品规格】衣长74cm，胸宽42cm，肩宽30cm，
袖长32cm，下摆宽42cm

【工　　具】10号棒针

【编织密度】18针×26行=10cm²

【编织材料】黑灰色腈纶线650g

1. 棒针编织法，用10号棒针。由前片、后片组成，从下往上编织。

2. 前片的编织。

(1) 起针，双罗纹针起针法，起92针，编织花样A双罗纹，不加减针织34行的高度，在最后一行里，将2针上针并为1针，余下76针继续编织。

(2) 第35行起，进行花样分配，从右向左，先织28针下针，第29针起织花样C，共9针，然后织2针下针，接着再织9针花样B，余下的28针，全织下针，往上的加减针编织方法为：两侧缝同时加减针，先每织14行减1针，

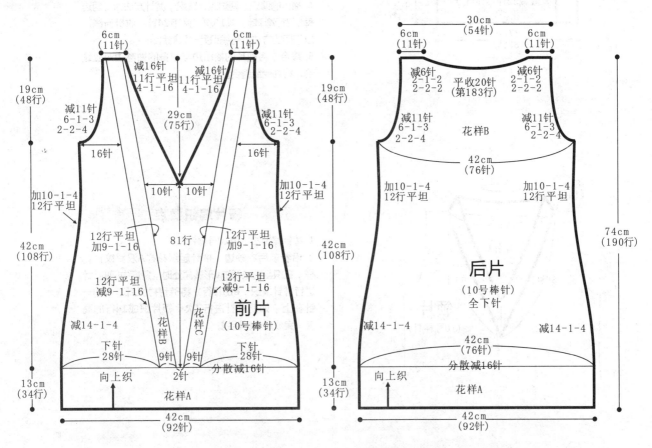

减4次，然后不加减针织12行，最后是每织10行加1针，加4次。织成108行，至袖隆。而花样B与花样C的加减针方法是，以花样B为例，在花样B的两侧，近衣身侧缝这边的第1针下针，进行减针编织，而面向衣服中心的这边第1针，进行加针编织。加减针同步进行，都是每织9行减1针或加1针，进而形成花样B倾斜的样子。当织片到81行时，分成两半各自编织，并进行领边减针，每织4行减1针，减16次，不加减针再织11行至肩部。

(3) 袖隆以上的编织。以右片为例说明，右边侧缝进行袖隆减针，每织2行减2针，减4次，然后每织6行减1针，减3次。与左边衣领减针同步进行，织成48行的高度，余下11针，收针断线。

(4) 相同的方法去编织左片。

3. 后片的编织。双罗纹针起针法，起92针，编织花样A双罗纹针，不加减针织34行的高度，在最后一行里，将2针上针并为1针，余下76针继续编织。往上全织下针，与前片织法相同，在两侧缝进行减针，方法与前片相同，织到108行时，余下76针，下一行起，袖隆减针，方法与前片相同。当衣服织至第183行时，中间将20针收掉，两边相反方向减针，每织2行减2针，减2次，每织2行减1针，减2次，织成后领边，两肩部余下11针，收针断线。

4. 拼接。将前后片的肩部对应缝合，将两侧缝对应缝合。

符号说明：

□	上针
□=□	下针
2-1-3	行-针-次
↑	编织方向
	右上2针与左下1针上针交叉

177

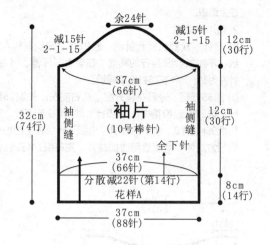

余24针

减15针 2-1-15

减15针 2-1-15

12cm (30行)

37cm (66针)

袖片 (10号棒针)

袖侧缝

袖侧缝

12cm (30行)

32cm (74行)

全下针

37cm (66针)

分散减22针(第14行)

花样A

8cm (14行)

37cm (88针)

袖片编织要点

1. 棒针编织法，长袖。从袖口起织，袖山收圆肩。

2. 起针，下针起针法，用10号棒针起织，起88针，来回编织。

3. 袖口的编织，起针后，编织花样A双罗纹针，无加减织编织14行，在最后一行里，将2针上针并为1针，余下66针，继续编织，进入下一步袖身的编织。袖身全织下针，不加减针，织30行的高度，至袖山起织。

4. 袖山的编织，两边减针编织，减针方法为：两边每织2行减1针，减15次，余下24针，收针断线。以相同的方法，再编织另一只袖片。

5. 缝合，将袖片的袖山边与衣身的袖隆边对应缝合。将袖侧缝缝合。

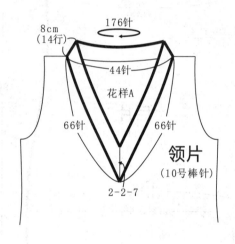

176针

8cm (14行)

44针

花样A

66针

66针

领片 (10号棒针)

2-2-7

领片编织要点

1. 棒针编织法，用10号棒针。

2. 沿着前后衣领边，挑针起织花样A双罗纹针花样，在织至前衣领边V形转角处时，角度中间的3针进行并针编织，每织2行，将3针并为1针，中间一针在上，如此并针进行7次，领片织成14行的高度，完成后收针断线。

花样A(双罗纹)

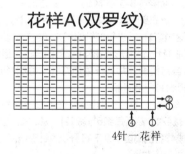

→②
←①

4针一花样

花样B

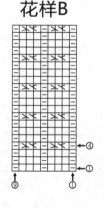

→④

←①

花样C

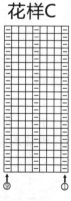

178

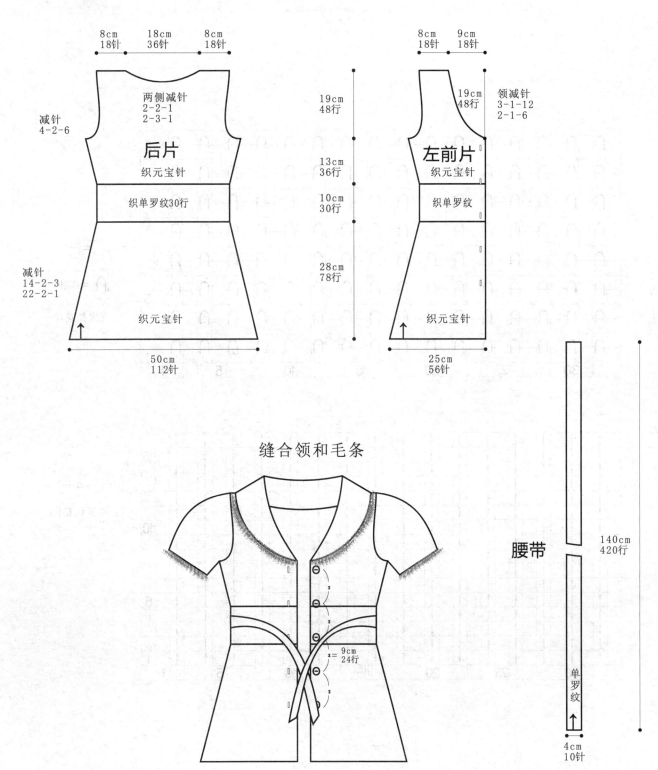

典雅长款毛衣

【成品规格】衣长70cm，胸围80cm，袖长33cm
【工　　具】11号棒针
【编织密度】22针×28行=10cm²
【编织材料】丝羊毛线750g，纽扣5枚，毛条若干

编织要点

1. 片织：起224针，前片各56针，后片112针，织元宝针，平织22行后开始收腰线，以1针滑针为径，在两侧收针，两侧各收8针，元宝针织28cm后开始织单罗纹10cm为腰节，上面继续织元宝针。
2. 前片门襟留7针开扣眼。
3. 袖：全部织元宝针。
4. 领：领织青果领，织好后缝合；分别在领和袖边缘缝上毛条，完成。

后片

8cm 18针　18cm 36针　8cm 18针

减针 4-2-6

两侧减针 2-2-1 2-3-1

织元宝针

织单罗纹30行

减针 14-2-3 22-2-1

织元宝针

50cm 112针

左前片

8cm 18针　9cm 18针

领减针 3-1-12 2-1-6

19cm 48行

织元宝针

织单罗纹

织元宝针

25cm 56针

19cm 48行
13cm 36行
10cm 30行
28cm 78行

缝合领和毛条

9cm 24行

腰带

140cm 420行

单罗纹

4cm 10针

179

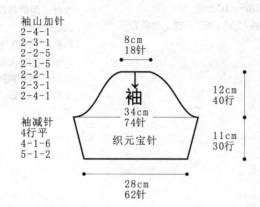

袖山加针
2-4-1
2-3-1
2-2-5
2-1-5
2-2-1
2-3-1
2-4-1

8cm
18针

袖

34cm
74针

织元宝针

12cm
40行

11cm
30行

袖减针
4行平
4-1-6
5-1-2

28cm
62针

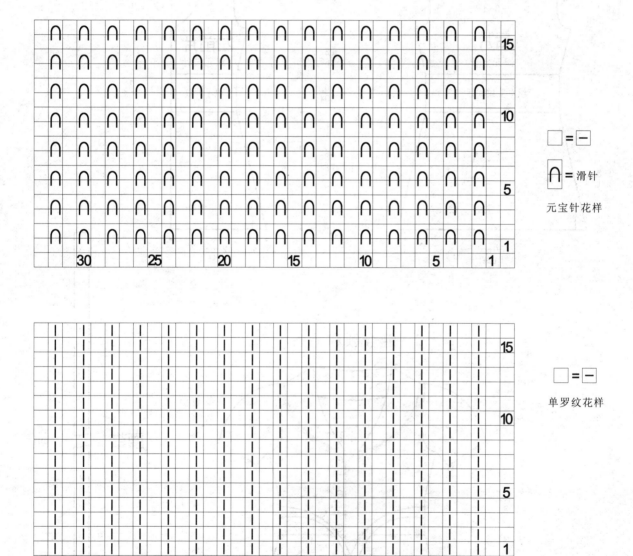

□ = ―

⋂ = 滑针

元宝针花样

□ = ―

单罗纹花样

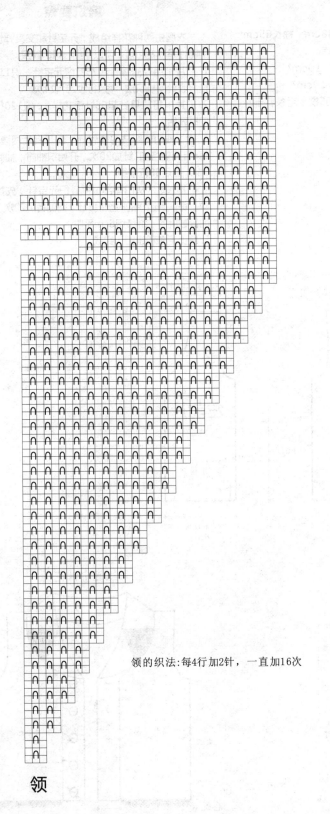

领的织法:每4行加2针,一直加16次

领

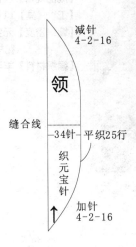

减针
4-2-16

领

缝合线 34针 平织25行

织元宝针

加针
4-2-16

起3针,每4行加2针加至33针,平织50行;中心线缝合

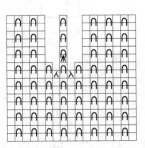

腰收针方法:
以中间一针为径,在两侧对称收针;
每次收针分2步完成,先并上针,再
中上3针并1针

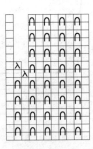

开挂收针方法:
留下1针,由外向
里面并针

精致对襟小外套

【成品规格】衣长70cm，胸围88cm，袖长65cm
【工　　具】11号棒针，12号棒针
【编织密度】元宝针17针×45行=10cm²
　　　　　　花样A32针×38行=10cm²
【编织材料】羊毛线650g，纽扣5枚，毛条若干

编织要点

衣服由两种花样组成，元宝针和交叉弹性针；元宝针的特性是显宽和短，所以用细一号的针织。

1. 后片：用12号棒针起75针织元宝针，织116行后开挂，挂肩收针同机织法，每4行收2针收4次。
2. 前片：用11号针起65针织花样A，织120行开挂和收领同时开始。
3. 袖：袖山的织法同插肩袖，起15针后两边各2针为径，每4行两侧各加1针加20次，开始织袖筒，袖筒每12行各收1针，最后38行平收。
4. 门襟/领：从门襟部位挑针织元宝针，先挑出后领的针数，每织到边缘的时候挑3针，两侧各挑22次；一次把门襟的针数挑齐，继续织6cm平收。
5. 缝上毛条和纽扣，完成。

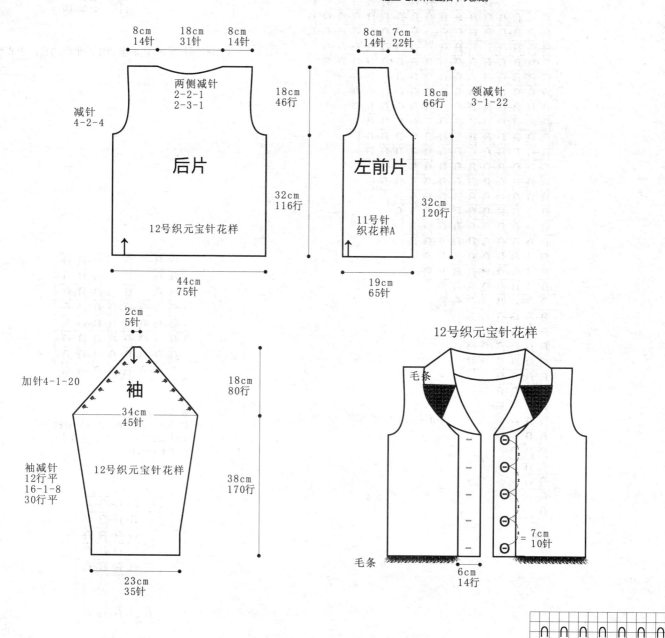

后片

8cm 14针　18cm 31针　8cm 14针

两侧减针
2-2-1
2-3-1

18cm 46行

减针 4-2-4

后片

12号织元宝针花样

44cm 75针

32cm 116行

左前片

8cm 14针　7cm 22针

18cm 66行

领减针 3-1-22

11号针 织花样A

32cm 120行

19cm 65针

袖

2cm 5针

加针4-1-20

袖 34cm 45针

18cm 80行

12号织元宝针花样

袖减针
12行平
16-1-8
30行平

38cm 170行

23cm 35针

12号织元宝针花样

毛条

毛条

7cm 10针

6cm 14行

领/门襟

12号针织元宝针

引退针3-1-22

156针

182

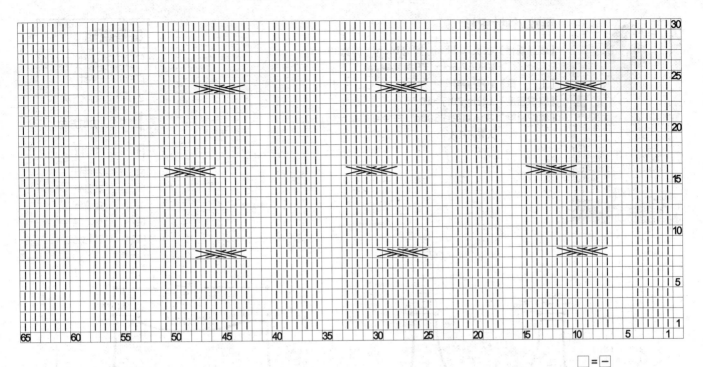

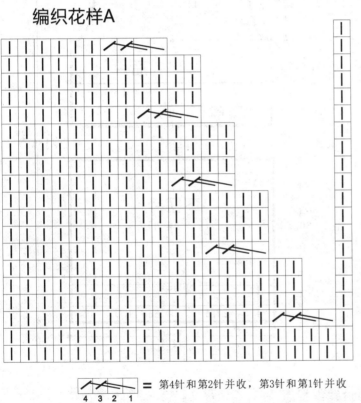

编织花样A

□ = ⊟

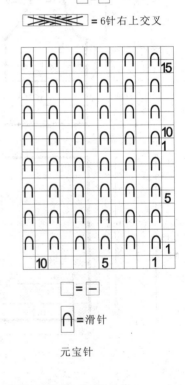

= 6针右上交义

□ = ⊟

∩ = 滑针

元宝针

= 第4针和第2针并收，第3针和第1针并收

机织袖收针方法

领/门襟

雅致V领针织衫

【成品规格】衣长70.5cm，胸宽44cm，肩宽39cm，
　　　　　袖长62.5cm，下摆宽44cm
【工　　具】10号棒针
【编织密度】18针×26行=10cm²
【编织材料】灰色腈纶线600g，灰色细线腈纶线150g，
　　　　　大扣子1枚

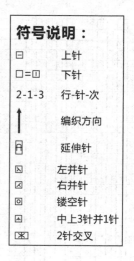

符号说明：

□	上针
□=回	下针
2-1-3	行-针-次
↑	编织方向
日	延伸针
⊠	左并针
⊠	右并针
□	镂空针
⊠	中上3针并1针
※	2针交叉

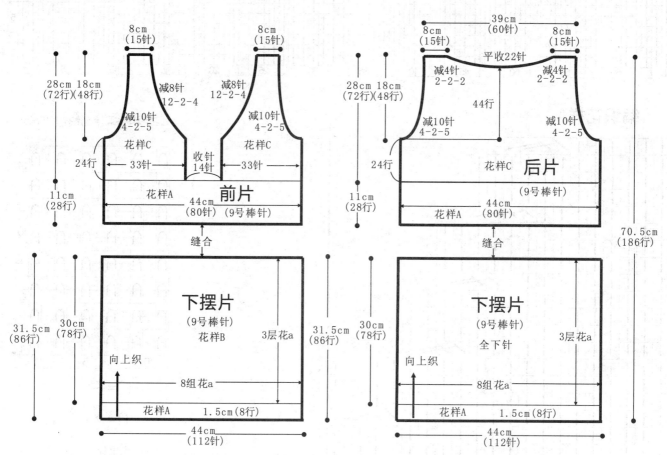

前片/后片编织要点

1. 棒针编织法，用9号棒针。由前片、后片和下摆片组成，从下往上编织。

2. 前片的编织。

(1) 起针，单罗纹起针法，起80针，编织花样A单罗纹针，不加减针织成28行，将织片80针的中间14针收针，两边各成两片各自编织。以右片为例，针数为33针，起织花样C下针元宝针花样，不加减针织成24行的高度后，至袖隆。

(2) 袖隆以上的编织。继续编织右片，每片的针数为33针，右边侧缝进行袖隆减针，先每织4行减2针，减5次，减少10针。左边衣领减针，从左向右，每织12行减2针，减4次，织成48行的高度，余下15针，收针断线。

(3) 相同的方法去编织左片。

3. 后片的编织。单罗纹起针法，起80针，编织花样A单罗

纹针，不加减针织成24行的高度，至袖隆，然后自袖隆起减针，方法与前片相同。当衣服织至袖隆算起的第45行时，中间将22针收针收掉，两边相反方向减针，每织2行减2针，减2次，织成后领边，两肩部余下15针，收针断线。

4. 下摆片的编织。分成前下摆片和后下摆片，前下摆片编织花样B花样，后下摆片全织下针花样。同样是起112针，起织花样A单罗纹针，不加减针织8行的高度后，前下摆片改织花样B，一层由8组花a织成，不加减针，编织3层花a的高度，共78行，完成后，收针断线。同样方法编织后下摆片，但花样全织下针。分别将两个下摆片对应前片与后片的下摆边进行缝合。

5. 拼接。将前后片的肩部对应缝合，将两侧缝对应缝合。

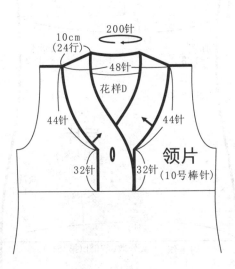

减28针
4-2-10
6-2-4

余32针

减28针
4-2-10
6-2-4

12.5cm
(64行)

减10针
26行平坦
20-1-10

减10针
26行平坦
20-1-10

35cm
(88针)

62.5cm
(320行)

44cm
(226行)

袖
侧
缝

袖
侧
缝

袖片
(14号棒针)
全下针

花样A

双层

6cm
(30行)

43cm
(108针)

袖片编织要点

1. 棒针编织法，长袖。从袖口起织。袖山收圆肩。线比较细，用14号棒针编织。

2. 起针，下针起针法，起108针，来回编织。

3. 袖口的编织，起针后，全织下针，无加减针编织60行的高度后，将首尾两行拼接缝合，进入下一步袖身的编织。

4. 袖身的编织，两侧缝同时减针编织，每织20行减1针，减10次，织成200行，不加减针再织26行后，至袖隆。

5. 袖山的编织，两边减针编织，减针方法为，两边每织6行减2针，减4次，然后每织4行减2针，减10次，织成64行后，余下32针，收针断线。以相同的方法，再编织另一只袖片。

6. 缝合，将袖片的袖山边与衣身的袖隆边对应缝合。将袖侧缝缝合。

领片编织要点

1. 棒针编织法，用10号棒针，半开襟，襟领连织。

2. 沿着半胸开襟边，经前后衣领边，再至另一边襟边，挑出200针，来回编织，起织花样D双罗纹针，不加减针织24行的高度。右开襟编织1个扣眼。织法是在当行收起数针，在下一行返回编织时，用单起针法，重起这些针数，接着编织。织完24行后，收针断线，在另一边开襟边，扣眼对应的位置钉上纽扣。

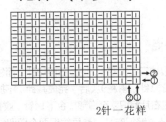

200针

10cm
(24行)

48针

花样D

44针

44针

32针

32针

领片
(10号棒针)

花样B
(下摆图解)

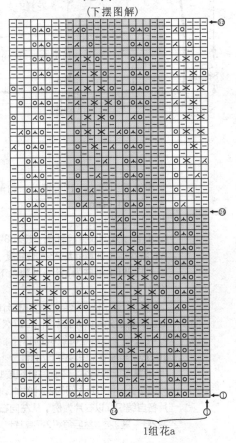

1组花a

花样A(单罗纹)

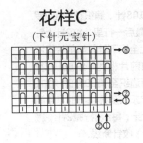

2针一花样

花样C
(下针元宝针)

花样D(双罗纹)

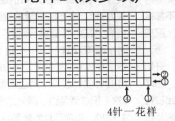

4针一花样

185

清雅短袖针织衫

【成品规格】衣长69cm，胸宽41cm，肩宽42cm，
　　　　　　袖长5cm，下摆宽46cm
【工　　具】10号棒针
【编织密度】18针×26行=10cm²
【编织材料】灰色腈纶线650g

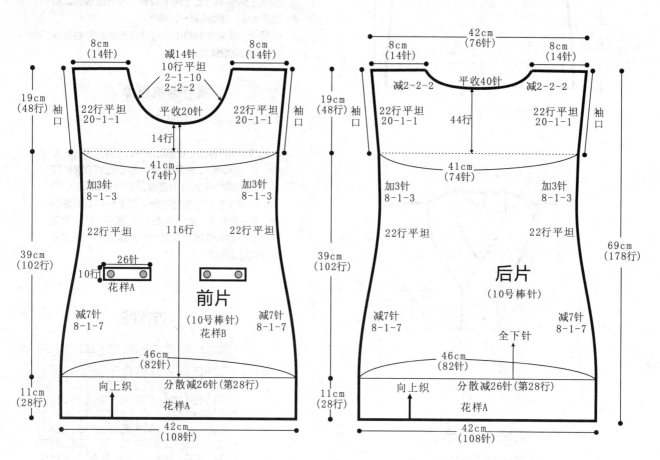

前片
（10号棒针）
花样B

后片
（10号棒针）

8cm（14针）　减14针 10行平坦 2-1-10 2-2-2　8cm（14针）
22行平坦 20-1-1　平收20针　22行平坦 20-1-1
14行
41cm（74针）
加3针 8-1-3　加3针 8-1-3
22行平坦　116行　22行平坦
26针 10行 花样A
减7针 8-1-7　减7针 8-1-7
46cm（82针）
向上织　分散减26针（第28行）
花样A
42cm（108针）
19cm（48行）袖口
39cm（102行）
11cm（28行）

42cm（76针）
8cm（14针）　减2-2-2　平收40针　减2-2-2　8cm（14针）
22行平坦 20-1-1　44行　22行平坦 20-1-1
41cm（74针）
加3针 8-1-3　加3针 8-1-3
22行平坦　22行平坦
减7针 8-1-7　减7针 8-1-7
全下针
46cm（82针）
向上织　分散减26针（第28行）
花样A
42cm（108针）
19cm（48行）袖口
39cm（102行）
11cm（28行）
69cm（178行）

前片/后片编织要点

1. 棒针编织法，用10号棒针。由前片、后片组成，从下往上编织。

2. 前片的编织。

(1) 起针，双罗纹针起针法，起108针，编织花样A双罗纹，不加减针织28行的高度，在最后一行里，将2针上针并为1针，针数余下82针继续编织。

(2) 第29行起，依照花样B进行花样分配，两侧缝同时加减针，先每织8行减1针，减7次，然后不加减针织22行，最后是每织8行加1针，加3次。织成102行，至袖隆，织片余下74针。

(3) 袖隆以上的编织，不加减针织成14行时，开始领边减针，将织片中间的20针收掉，分成左、右两片各自编织，以右片为例，从左向右起，每织2行减2针，减2次，然后每织2行减1针，减1针后，织

成20行，右边袖口上加1针，往上不再加针，而领边继续减针，每织2行减1针，再减9次后，完成减针，不加减针再织10行时，完成右片编织，至肩部，余下14针，收针断线。

(4) 相同的方法去编织左片。最后编织两个双罗纹织片，起26针，编织花样A双罗纹针，不加减针织10行后，收针断线。缝于前片腰间上作装饰。

3. 后片的编织，双罗纹起针法，起108针，编织花样A双罗纹针，不加减针织28行的高度，在最后一行里，将2针上针并为1针，余下82针继续编织。往上全织下针。与前片织法相同，在两侧缝进行减针，方法与前片相同，织成102行时，余下74针，下一行起，袖隆两边织至第20行时，加1针，方法与前片相同。当衣服从袖隆起织至第45行时，中间将40针收针收掉，两边相反方向减针，每织2行减2针，减2次，织成后领边，两肩部余下14针，收针断线。

4. 拼接。将前后片的肩部对应缝合，将两侧缝对应缝合。

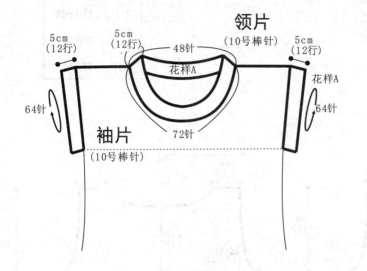

领片
(10号棒针)

5cm
(12行)
5cm
(12行)
5cm
(12行)
5cm
(12行)

48针

花样A

64针

64针

花样A

花样A

袖片
(10号棒针)

72针

领片/袖片编织要点

1. 棒针编织法，用10号棒针。
2. 领片的编织，沿着前后衣领边，挑出120针，环织，编织花样A双罗纹针，不加减针编织12行的高度后，收针断线。
3. 袖片的编织，沿着袖口边，挑出64针起织花样A双罗纹针，不加减针织12行的高度后，收针断线。

花样A(双罗纹)

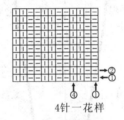

4针一花样

花样B

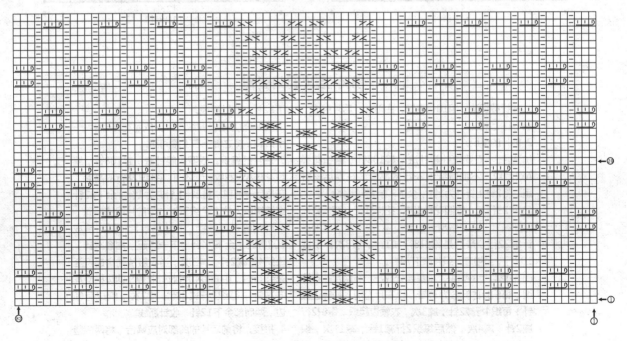

187

喇叭袖长毛衣

【成品规格】衣长69cm，胸宽41cm，肩宽35cm，
袖长69cm，下摆宽46cm
【工　具】10号棒针
【编织密度】18针×26行=10cm²
【编织材料】灰色腈纶线750g

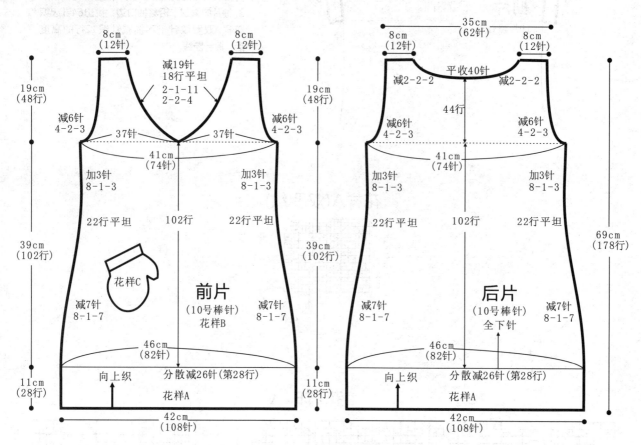

前片：
8cm（12针）　8cm（12针）
19cm（48行）
减19针 18行平坦 2-1-11 2-2-4
减6针 4-2-3
37针　37针
减6针 4-2-3
加3针 8-1-3　加3针 8-1-3
22行平坦　102行　22行平坦
39cm（102行）
花样C
减7针 8-1-7
前片（10号棒针）花样B
减7针 8-1-7
11cm（28行）
46cm（82针）
向上织　分散减26针（第28行）
花样A
42cm（108针）

后片：
8cm（12针）　35cm（62针）　8cm（12针）
平收40针
减2-2-2　减2-2-2
44行
减6针 4-2-3　减6针 4-2-3
41cm（74针）
加3针 8-1-3　加3针 8-1-3
22行平坦　102行　22行平坦
后片（10号棒针）全下针
减7针 8-1-7　减7针 8-1-7
69cm（178行）
11cm（28行）
46cm（82针）
向上织　分散减26针（第28行）
花样A
42cm（108针）

前片/后片编织要点

1. 棒针编织法，用10号棒针。由前片、后片组成，从下往上编织。

2. 前片的编织。

(1) 起针，双罗纹针起针法，起108针，编织花样A双罗纹，不加减针织28行的高度，在最后一行里，将2针上针并为1针，余下82针继续编织。

(2) 第29行起，依照花样B进行花样分配，两侧缝同时加减针，先每织8行减1针，减7次，然后不加减针织22行，最后是每织8行加1针，加3次。织成102行，至袖隆。织片余下74针。

(3) 袖隆以上的编织。袖隆起分成左、右两片各自编织，每织片的针数为37针，以右片为例，袖隆边减针，每织4行减2针，减3次，衣领边起织，每织2行减2针，减4次，然后每织2行减1针，减11次，织成30行后，不加减针再织18行的高度，至肩部，余

下12针，收针断线。

(4) 相同的方法去编织左片。依照花样C编织一个口袋，将之缝于右下腰间部。

3. 后片的编织。双罗纹起针法，起108针，编织花样A双罗纹针，不加减针织28行的高度，在最后一行里，将2针上针并为1针，余下82针继续编织。往上全织下针。与前片织法相同，在两侧缝进行减针，方法与前片相同，织成102行时，余下74针，下一行起，袖隆减针，每织4行减2针，减3次，当衣服从袖隆织至第45行时，中间将40针收针收掉，两边相反方向减针，每织2行减2针，减2次，织成后领边，两肩部余下12针，收针断线。

4. 拼接。将前后片的肩部对应缝合，将两侧缝对应缝合。

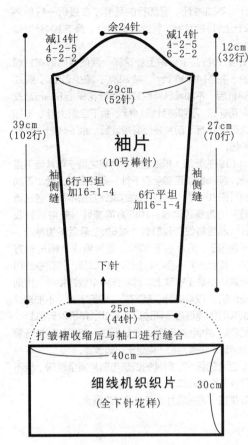

减14针
4-2-5
6-2-2

余24针

减14针
4-2-5
6-2-2

12cm
(32行)

29cm
(52针)

39cm
(102行)

袖片
(10号棒针)

27cm
(70行)

袖侧缝
6行平坦
加16-1-4

6行平坦
加16-1-4
袖侧缝

下针

25cm
(44针)

打皱褶收缩后与袖口进行缝合

40cm

细线机织织片
(全下针花样)

30cm

袖片编织要点

1. 棒针编织法，从袖口起织。袖山收圆肩。另用一机织织片作袖口喇叭状。

2. 起针，下针起针法，用10号棒针起织，起44针，来回编织。

3. 袖身的编织，起针后，全织下针，两袖侧缝加针，每织16行加1针，加4次，行数织成64行，然后不加减针再织6行，完成袖身的编织。

4. 袖山的编织，两边减针编织，减针方法为：两边每织6行减2针，减2次，然后每织4行减2针，减5次，余下24针，收针断线。以相同的方法，再编织另一只袖片。

5. 缝合，将袖片的袖山边与衣身的袖窿边对应缝合。将袖侧缝缝合。

6. 另用机器编织细线织片，全是下针花样，织片高度为30cm，宽度为40cm，完成后，收针断线，将宽边打皱褶，收缩成25cm的宽度，与袖口边进行缝合。

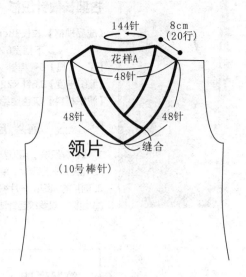

144针

8cm
(20行)

花样A

48针

48针

48针

缝合

领片
(10号棒针)

领片编织要点

1. 棒针编织法，用10号棒针。

2. 领片的编织，沿着前后衣领边挑出144针，来回编织，在前衣领转角处即返回编织，编织花样A双罗纹针，不加减针编织20行的高度后，收针断线。将前衣领转角V点处的衣领侧边，与另一边衣领边进行缝合。

花样A(双罗纹)

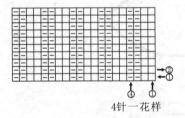

4针一花样

花样B

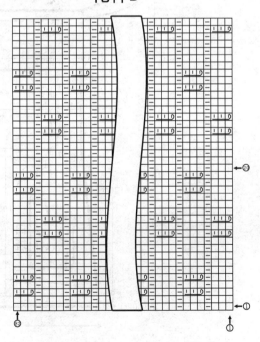

花样C
(口袋图解)

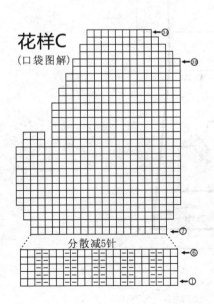

分散减5针

189

古典长袖针织衫

【成品规格】衣长88cm，胸宽38cm，袖长50.5cm，
　　　　　　下摆宽62cm
【工　　具】9号棒针
【编织密度】16针×22行=10cm²
【编织材料】灰色腈纶线750g

前片/后片编织要点

1. 棒针编织法，用9号棒针。由领胸片、前片、后片组成，从下往上编织，领胸片用折回编织法。

2. 前片的编织。一片织成，以及编织两只口袋。

(1) 起针，双罗纹起针法，起138针，编织花样A双罗纹

针，不加减针，织10行的高度，在最后一行里将2针上针并为1针，针数减少34针，余下104针继续编织。

(2) 第10行起，全织上针花样，两侧缝同时减针编织，每织4行减1针，减22次，减少22针，织成88行后，不加减针再织12行上针花样，下一行起改织花样C，不加减针织14行，余下全织上针，不加减针织14行，前片经侧缝减针后，余下60针，收针断线。

(3) 口袋的编织，单独编织，再将之缝于前片近下摆处。起26针，正面全织下针，返回全织上针，不加减针织30行后，两只口袋的减针方法不同，各从近前片的侧缝边向前片中间方向减针，先将10针收针，然后每织2行减1针，减6次，最后不加减针，再织8行，织片余下10针，收针断线。相同的方法，减针方向不同，再织另一只口袋。将口袋的四条直线边缝于衣身上，再制作两个装饰扣带，用细线编织，12号棒针，起12针，编织下针，不加减针织30行的高度后，两边同时减针，每织2行减1针，减6次，中间余下2针，收针断线。将带扣起针行缝于袋口，尖端用扣子固定于口袋表面。

3. 后片的编织，后片的织法与前片完全相同，但不需要编织两只口袋，织法不再重复。

4. 拼接，将前后片的两侧缝对应缝合。

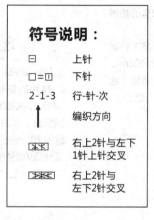

符号说明：

□	上针
□=回	下针
2-1-3	行-针-次
↑	编织方向
符号	右上2针与左下1针上针交叉
符号	右上2针与左下2针交叉

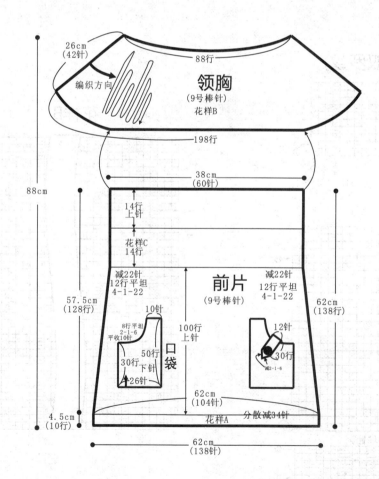

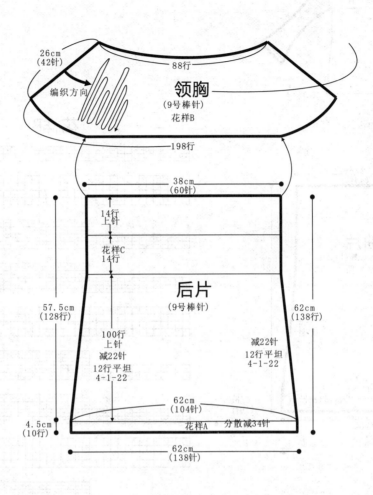

26cm
(42针)

编织方向

88行

领胸
(9号棒针)
花样B

198行

38cm
(60针)

14行
上针

花样C
14行

后片
(9号棒针)

57.5cm
(128行)

62cm
(138行)

100行
上针
减22针
12行平坦
4-1-22

减22针
12行平坦
4-1-22

62cm
(104针)

4.5cm
(10行)

花样A 分散减34针

62cm
(138针)

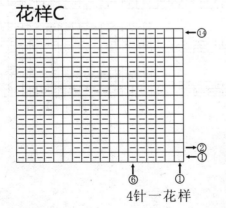

花样C

←⑭

→②
←①

⑥ ①

4针一花样

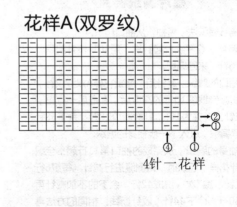

花样A(双罗纹)

→②
←①

④ ①

4针一花样

袖片缝合图

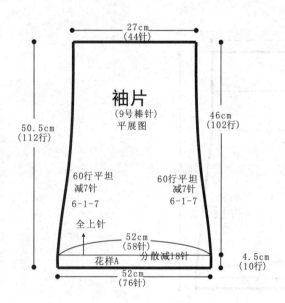

27cm
(44针)

袖片
(9号棒针)
平展图

46cm
(102行)

50.5cm
(112行)

60行平坦
减7针
6-1-7

60行平坦
减7针
6-1-7

全上针

52cm
(58针)

花样A   分散减18针

4.5cm
(10行)

52cm
(76针)

花样B

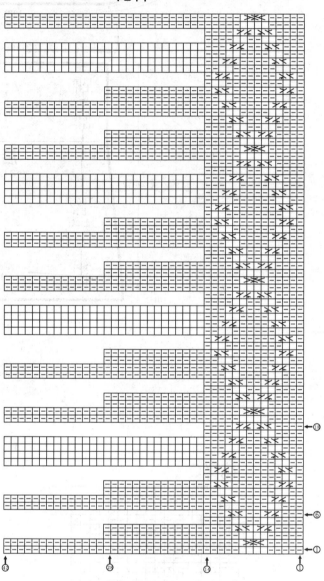

袖片编织要点

1. 棒针编织法，短袖。从袖口起织。

2. 起针，双罗纹针起针法，用10号棒针起织，起76针，来回编织。

3. 袖口的编织，起针后，编织花样A双罗纹针，无加减针编织10行的高度后，在最后一行里，将2针上针并为1针，针数减少18针，余下58针继续编织，进入下一步袖身的编织。

4. 袖身的编织，从完成的袖口第11行起，全织上针花样，起织时，两侧缝进行减针，每织6行减1针，减7次，织成42行，余下的不加减针再织60行，余下44针，收针断线。相同的方法再织另一边袖片。

5. 缝合，将袖片的收针边，如缝合图所示，与领胸进行缝合。

韩式半袖针织衫

【成品规格】衣长88cm，胸宽50cm，肩宽39cm，
　　　　　　袖长58cm，下摆宽67cm
【工　　具】10号棒针
【编织密度】14针×24行=10cm²
【编织材料】土黄色腈纶线750g

符号说明：

□	上针
□=□	下针
2-1-3	行-针-次
↑	编织方向
▯	延伸针

前片/后片编织要点

1. 棒针编织法，用10号棒针，由前片、后片组成，从下往上编织。

2. 前片的编织。

(1) 起针，下针起针法，起94针，参照花样A进行花样分配。起织时，两边侧缝进行减针变化编织，当织成28行时，进行第一次减针，减1针，减1次，然后再织12行的时候，再减1针，减1次，余下的就是每织12行减2针，减5次，减完针后，再织6行，完成花样A的编织，织成106行，余下70针。

(2) 第107行起，进行分片编织，分左右两片，将织片70针的中间10针收针，两边各余下30针，将这30针依照花样B进行编织，不加减针织32行，至袖隆。另一边也是同样织至32行，至袖隆。

(3) 袖隆以上的编织，分成左右两片各自编织，每片的针数为30针，以右片为例说明，右边侧缝进行袖隆减针，先平收针4针，每织2行减1针，减4次。左边衣领减针，从左向右，每织4行减2针，减5次，然后每织4行减1针，减5次，织成72行的高度，余下7针，收针断线。

(4) 相同的方法去编织左片。

3. 后片的编织，下针起针法，起94针，编织花样A花样，与前片织法相同，编织花样A，并在两侧缝进行减针，方法与前片相同，织成106行时，余下70针，下一行起，分配成花样B的花样组进行编织。不加减针织32行后，至袖隆，然后袖隆起减针，方法与前片相同。当衣服织至第203行时，中间将28针收针收掉，两边相反方向减针，每织2行减2针，减2次，每织2行减1针，减2次，织成后领边，两肩部余下7针，收针断线。

4. 拼接，将前后片的肩部对应缝合，将两侧缝对应缝合。

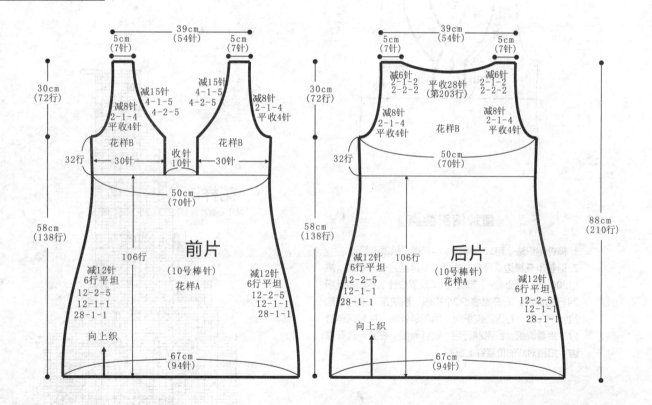

花样A

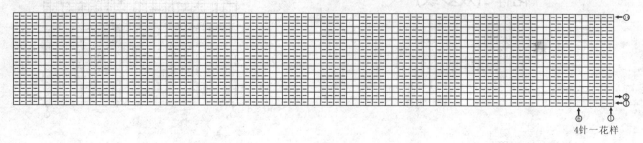

4针一花样

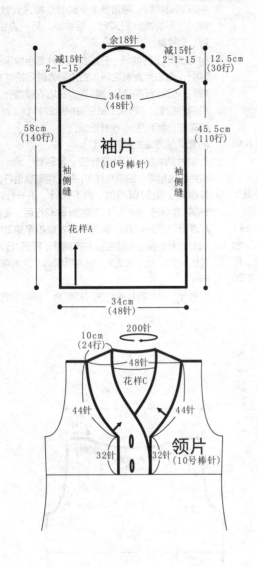

余18针

减15针
2-1-15

减15针
2-1-15

12.5cm
(30行)

34cm
(48针)

58cm
(140行)

45.5cm
(110行)

袖片
(10号棒针)

袖侧缝

袖侧缝

花样A

34cm
(48针)

袖片编织要点

1. 棒针编织法，长袖。从袖口起织，袖山收圆肩。

2. 起针,下针起针法，用10号棒针起织，起48针，来回编织。

3. 袖口的编织，起针后，编织花样A，无加减针编织110行的高度后，进入下一步袖山的编织。

4. 袖山的编织，两边减针编织，减针方法为：两边每织2行减1针，减15次，余下18针，收针断线。以相同的方法，再编织另一只袖片。

5. 缝合，将袖片的袖山边与衣身的袖窿边对应缝合，将袖侧缝缝合。

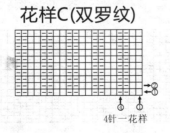

200针

10cm
(24行)

48针

花样C

44针

44针

32针

32针

领片
(10号棒针)

领片编织要点

1. 棒针编织法，用10号棒针，半开襟，襟领连织。

2. 沿着半开襟边，经前后衣领边，再至另一边襟边，挑出200针，来回编织，起织花样C双罗纹针，不加减针织24行的高度。右开襟编织2个扣眼，织法是在当行收起数针，在下一行返回编织时，用单起针法，重起这些针数，接着编织。织完24行后，收针断线，在另一边开襟边，扣眼对应的位置钉上纽扣。

花样C(双罗纹)

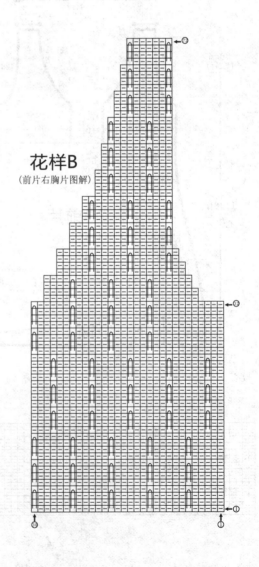

花样B
(前片右胸片图解)

4针一花样

性感V领长袖衫

【成品规格】衣长68cm，胸宽40cm，肩宽39cm，袖长58cm，下摆宽67cm

【工　　具】10号棒针

【编织密度】18针×26行=10cm²

【编织材料】深棕色腈纶线680g，金线30g
（用于衣摆和领片，袖口的混线编织）

前片/后片编织要点

1. 棒针编织法，用10号棒针，由前片，后片组成，从下往上编织。

2. 前片的编织。

(1) 起针，双罗纹起针法，起104针，起织花样A双罗纹针，不加减针织16行的高度，在最后一行里，将2针上针并为1针，针数余下78针，继续编织。从第17行起，参照花样B进行花样分配。起针时，两边侧缝进行减针变化编织。当织成34行时，进行第一次减针，减1针，减1次，余下的就是每织14行减1针，减2次，减完针后，再织28行，完成花样B的

编织，织成90行，余下72针，此时织片织成106行。

(2) 第107行起，进行分片编织，分左、右两片，将织片72针的中间12针收针，两边各余下30针，将这30针全织上针，不加减针织24行，至袖隆。另一边也是同样织至24行，至袖隆。

(3) 袖隆以上的编织，分成左、右两片各自编织，每片的针数为30针，以右片为例说明，右边侧缝进行袖隆减针，每织4行减2针，减5次。左边衣领减针，从左向右，每织12行减2针，减4次，织成48行的高度，余下12针，收针断线。

(4) 相同的方法去编织左片。

3. 后片的编织，双罗纹起针法，起104针，编织花样A双罗纹针，不加减针织16行的高度，在最后一行里，将2针上针并为1针，针数减少26针，余下78针继续编织，下一行起，编织花样C，与前片织法相同，并在两侧缝进行减针，方法与前片相同，织成90行时，余下72针，下一行起，全织上针，不加减针织24行后，至袖隆，然后袖隆起减针，方法与前片相同。当衣服织至袖隆算起的第45行时，中间将24针收针收掉，两边相反方向减针，每织2行减2针，减2次，两肩部余下12针，收针断线。

4. 拼接，将前后片的肩部对应缝合，将两侧缝对应缝合。

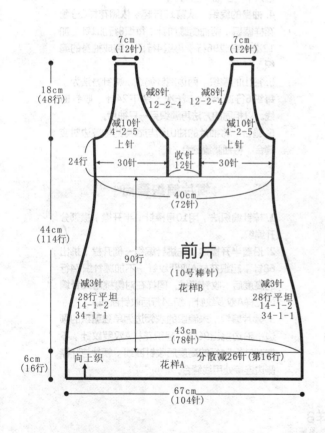

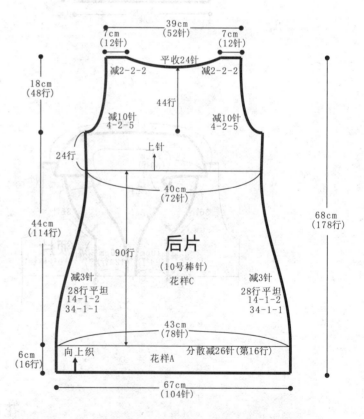

花样C

（后片图解）

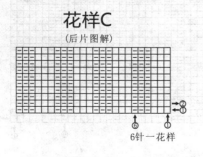

6针一花样

花样A(双罗纹)

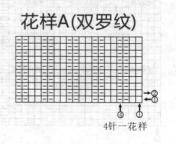

4针一花样

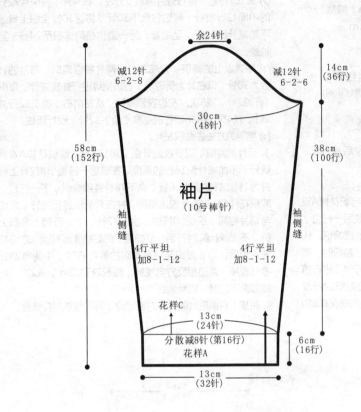

余24针

减12针
6-2-8

减12针
6-2-6

14cm
(36行)

30cm
(48针)

58cm
(152行)

38cm
(100行)

袖片
(10号棒针)

袖侧缝

袖侧缝

4行平坦
加8-1-12

4行平坦
加8-1-12

花样C

13cm
(24针)

分散减8针(第16行)
花样A

6cm
(16行)

13cm
(32针)

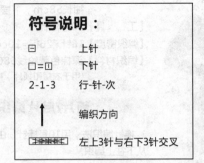
袖片编织要点

1. 棒针编织法，长袖。从袖口起织，袖山收圆肩。

2. 起针，双罗纹起针法，用10号棒针起织，起32针，来回编织。

3. 袖口的编织，起针后，编织花样A双罗纹针，无加减针编织16行的高度后，在最后一行里，将2针上针并为1针，余下24针继续编织，进入下一步袖身的编织。

4. 袖身的编织，从第17行起，依照花样C分配花样编织，两袖侧缝加针，每织8行加1针，加12次，织成96行，再织4行后，完成袖身的编织。

5. 袖山的编织，两边减针编织，减针方法为，每织6行减2针，减6次，余下24针，收针断线。以相同的方法再编织另一只袖片。

6. 缝合，将袖片的袖山边与衣身的袖窿边对应缝合，将袖侧缝缝合。

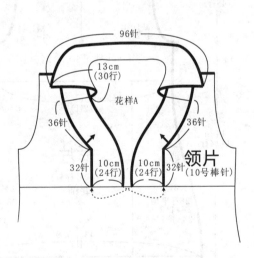

96针

13cm
(30行)

花样A

36针

36针

32针

10cm
(24行)

10cm
(24行)

32针

领片
(10号棒针)

领片编织要点

1. 棒针编织法，用10号棒针，半开襟，襟领分开编织。

2. 沿着半开襟边，先挑针编织一侧开襟，挑出68针，起织花样A双罗纹针，不加减针织24行的高度后，收针断线。同样在对侧挑出68针编织花样A双罗纹针，织24行后收针断线。

3. 领片编织，未编织的衣领边为单独编织的领边，沿边挑出96针，起织花样A双罗纹针，不加减针织54行的高度后收针断线，领片与开襟侧边连接处用线缝合。

花样B
(前片下摆图解)

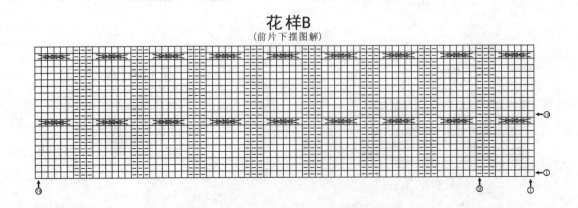

超个性短袖针织衫

【成品规格】衣长54cm，胸宽37cm，袖长11cm
【工　　具】8号棒针
【编织密度】24针×30行＝10cm²
【编织材料】灰色腈纶线680g，扣子3枚

前片/后片/下摆片编织要点

1. 棒针编织法，用8号棒针编织，前后领胸片是作一片编织而成，编织过程通过减针和加针，形成前衣领边和后衣领边。

2. 从右边袖口起织，双罗纹起针法，起86针，不加减针织12行的高度后，在最后一行里将2针上针并为1针，针数减少22针，余下64针继续编织袖片，依照花样C，分配64针编织，不加减针织24行的高度后，在两边各起22针，用单起针法，织片针数加成108针，继续编织。依照花样B，分配108针花样，不加减针织24行的高度时，将中间的10针收针，分成两边各自编织，左边作后片编织，右片作前片编织。依照花样B进行领边加减针，最后织片并为1片，共108针，继续编织，不加减针织24行的高度后，加出22针，起织花样A双罗纹针，不加减针织12行的高度后，收针断线。

3. 下摆片的编织，前后的下摆片织法相同，也简单，起92针，全织花样A双罗纹针，不加减针织成72行的高度后，收针断线，相同的方法再编织一片下摆。

4. 拼接，先将两下摆片与衣身的下摆边进行缝合，然后再以图中的虚线为中心对折，将两侧缝对应缝合，将袖侧缝缝合。

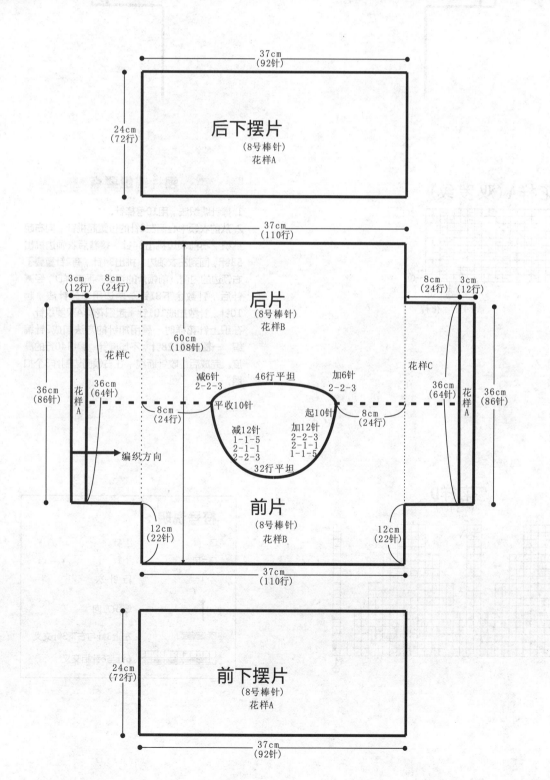

37cm
(92针)

后下摆片
(8号棒针)
花样A

24cm
(72行)

37cm
(110行)

3cm
(12行)　8cm
(24行)

8cm
(24行)　3cm
(12行)

后片
(8号棒针)
花样B

花样C

花样C

60cm
(108针)

36cm
(86针)

花样A

36cm
(64针)

36cm
(64针)

花样A

36cm
(86针)

减6针
2-2-3

46行平坦

加6针
2-2-3

8cm
(24行)

平收10针

起10针

8cm
(24行)

编织方向

减12针
1-1-5
2-1-1
2-2-3

加12针
2-2-3
2-1-1
1-1-5

32行平坦

前片
(8号棒针)
花样B

12cm
(22针)

12cm
(22针)

37cm
(110行)

37cm
(92针)

前下摆片
(8号棒针)
花样A

24cm
(72行)

128针

花样A

53针

40行

14针

10针

14针

花样D

花样D

领片
(10号棒针)

34针

4针重叠

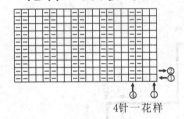

花样A（双罗纹）

4针一花样

领片编织要点

1. 棒针编织法，用10号棒针。

2. 从前衣领中心偏左2针的位置起挑针，向右起挑织，右前领边挑出34针，接着后衣领边挑出53针，回到左衣领边，挑出34针，有2针重叠于右领边的内侧。前领片的织法参照花样D，经减针后，针数余下81针，两边用单起针法，起10针，针数加成101针，起织花样A双罗纹针，在织上针花样时，是用加针的方法加成2针编织，一圈加成128针，不加减针，编织40行的高度。完成后，收针断线，在右领侧边制作3个扣眼。

花样D
（余14针）

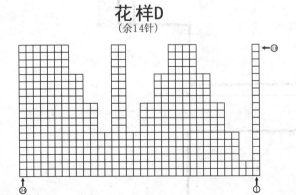

符号说明：

□		上针
□=□		下针
2-1-3		行-针-次
↑		编织方向
		左上3针与右下3针交叉
		6针与6针相交叉

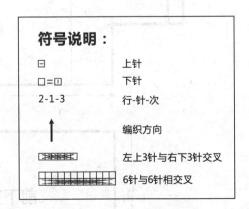

198

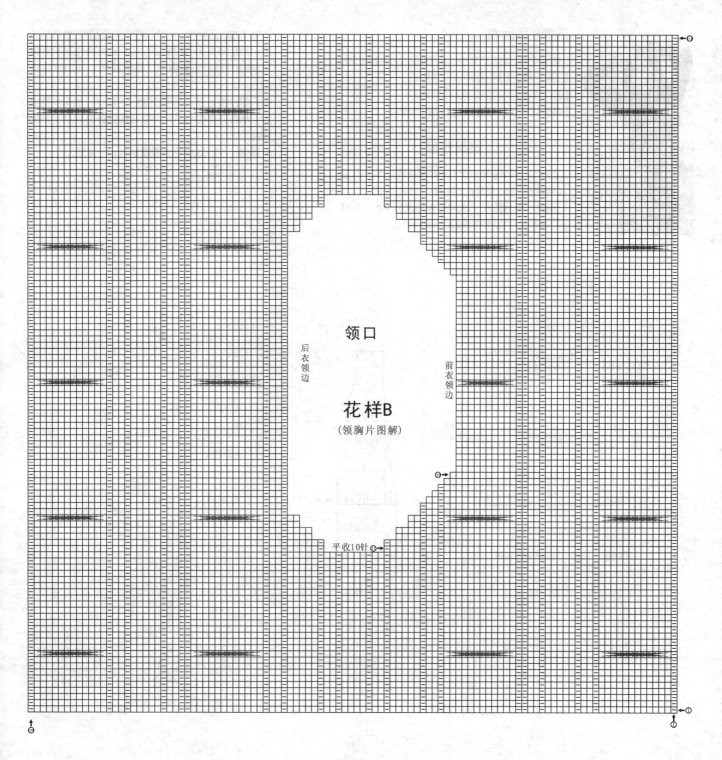

领口

后衣领边

前衣领边

花样B

(领胸片图解)

平收10针

花样C

(袖片图解)

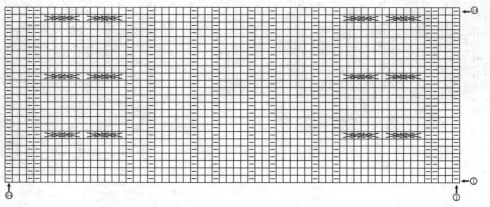

沉静长款大衣

【成品规格】衣长70cm，胸围88cm，袖长65cm
【工　　具】10号棒针，12号棒针
【编织密度】18针×23行=10cm²
【编织材料】羊毛线650g，纽扣5枚

编织要点

1. 后片：用12号棒针起100针织花样A15cm，换10号针织平针，花样A上针均收1针共25针。

2. 前片：前片的尺寸减掉门襟的宽度4cm，其他织法同后片，换针织花样时均收掉8针。

3. 袖：袖织双罗纹，从袖口的部位把所有的针数挑出来，然后每织2行从袖山边缘各加织1针加4次后每4行各加1针，直到腋下，圈织袖筒，袖口织花样A15cm。

4. 门襟、领：从门襟部位挑针织花样A，织6cm宽度后，从领口部位引退织行每3针退3针退14次，全部缝合收针。

5. 腰带：另织10针织双罗纹140cm，完成。

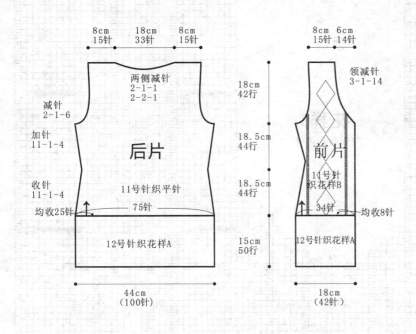

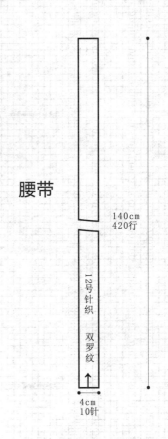

腰带

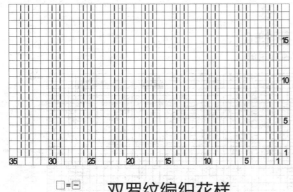

□=□　双罗纹编织花样

引退针3-1-14

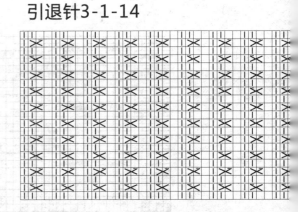

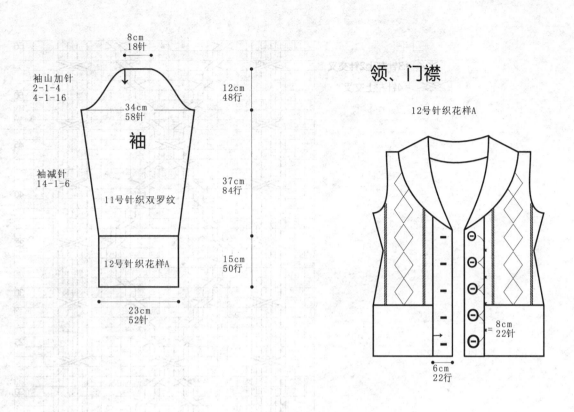

8cm
18针

袖山加针
2-1-4
4-1-16

34cm
58针

袖

12cm
48行

袖减针
14-1-6

11号针织双罗纹

37cm
84行

12号针织花样A

15cm
50行

23cm
52针

领、门襟

12号针织花样A

8cm
22针

6cm
22行

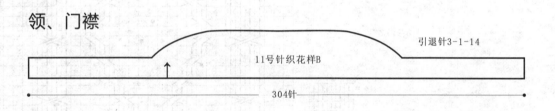

领、门襟

引退针3-1-14

11号针织花样B

304针

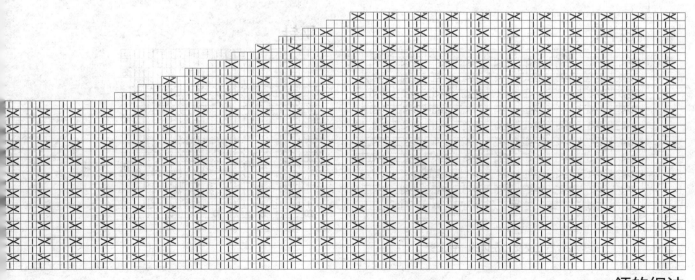

领的织法

201

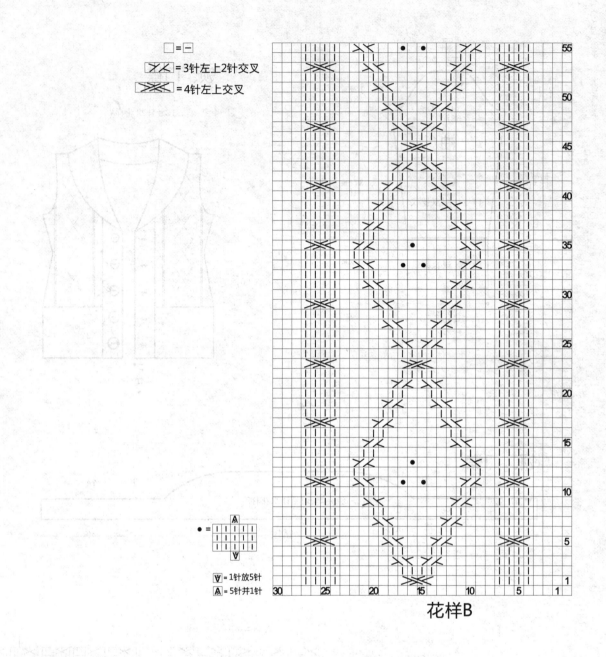

□＝□

⬚＝3针左上2针交叉

⬚＝4针左上交叉

● ＝ ⬚ A ⬚ V

V ＝1针放5针
A ＝5针并1针

花样B

花样A

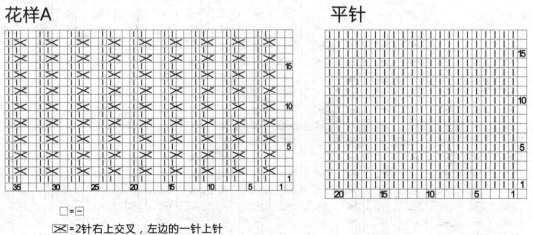

□＝□

⬚＝2针右上交叉，左边的一针上针

平针

气质长袖毛衣

【工　具】11号棒针，12号棒针
【编织密度】23针×28行=10cm²
【编织材料】羊毛线650g，纽扣6枚

编织要点

　　衣服由平针和交叉花样组成，后片及袖织平针，前片织花样。

1. 后片：用12号棒针起100针织双罗纹，织15cm匀收6针，换11号针织平针。

2. 前片：用12号针起36针织双罗纹，织15cm匀收3针，换11号针织花样。

3. 袖：袖从袖口往上织，先用12号针织双罗纹15cm，换11号针织平针，袖山收针类似插肩袖留2针边针，每2行收1针。

4. 门襟、领：从门襟部位挑针织双罗纹，先挑针织领，领织完后沿边挑针织门襟；一侧留扣眼；织好腰带，完成。

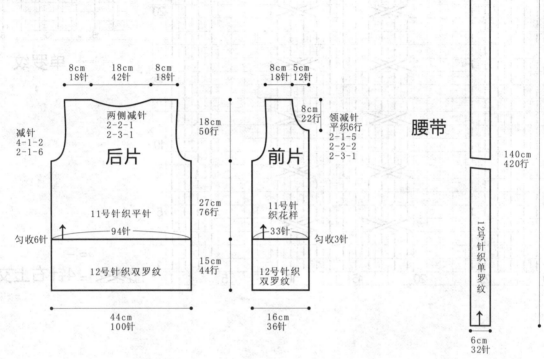

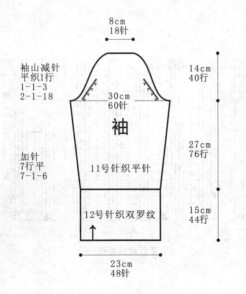

领、门襟

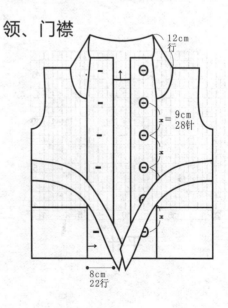

编织花样

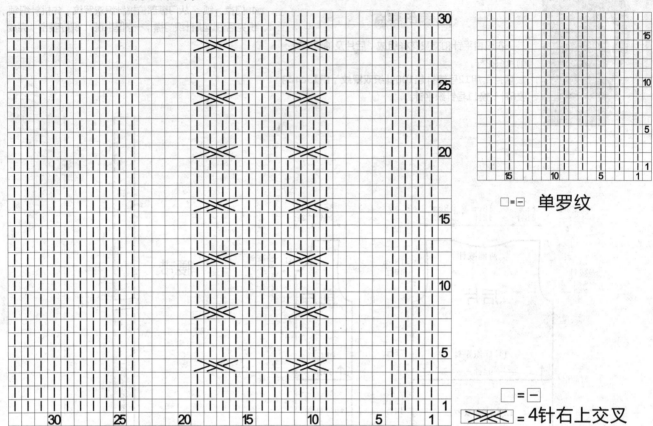

□ = □   单罗纹

□ = □

❌❌ = 4针右上交叉

平针

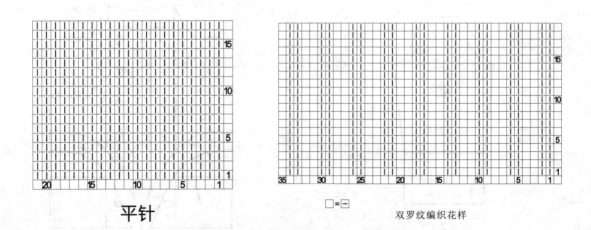

□ = □   双罗纹编织花样

成熟对襟长大衣

【成品规格】衣长70cm，胸围88cm，袖长65cm
【工　　具】10号棒针，12号棒针
【编织密度】23针×25行=10cm²
【编织材料】黑色段染马海毛200g，羊毛线650g，纽扣9枚

线材为黑色马海毛一股和羊毛线合股织。

1. 后片：用12号棒针织双罗纹，平针部分用10号棒针织。
2. 前片：前片的尺寸减掉门襟的宽度6cm；其他同后片。
3. 袖：袖口的双罗纹长度为15cm，可翻卷可放下来，其他的同常规袖。
4. 门襟：从门襟部位挑针织双罗纹，织6cm宽度后，下面平收掉37cm;再织4cm平收；留扣眼的一侧，平织6cm即可。
5. 领：从领口挑针织领，织双罗纹10cm即可；另织一根腰带，完成。

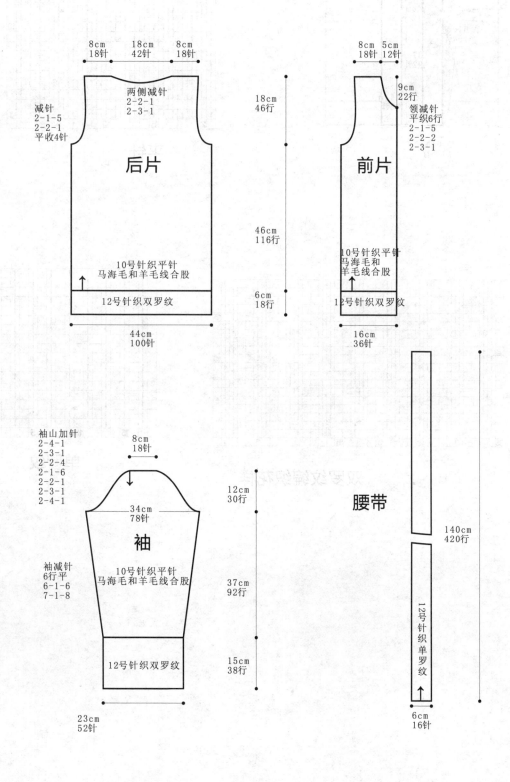

后片

8cm 18针　18cm 42针　8cm 18针
两侧减针
2-2-1
2-3-1
18cm 46行
减针
2-1-5
2-2-1
平收4针
后片
10号针织平针
马海毛和羊毛线合股
12号针织双罗纹
46cm 116行
6cm 18行
44cm 100针

前片

8cm 18针　5cm 12针
9cm 22行
领减针
平织6行
2-1-5
2-2-2
2-3-1
前片
10号针织平针
马海毛和羊毛线合股
12号针织双罗纹
16cm 36针

袖

袖山加针
2-4-1
2-3-1
2-2-4
2-1-6
2-2-1
2-3-1
2-4-1
8cm 18针
34cm 78针
袖
10号针织平针
马海毛和羊毛线合股
12号针织双罗纹
12cm 30行
37cm 92行
15cm 38行
袖减针
6行平
6-1-6
7-1-8
23cm 52针

腰带

12号针织单罗纹
140cm 420行
6cm 16针

领、门襟

12号针织双罗纹

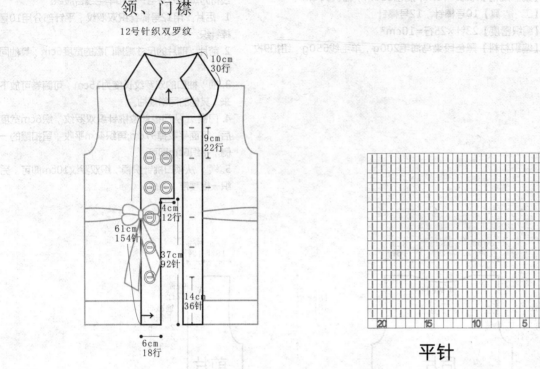

平针

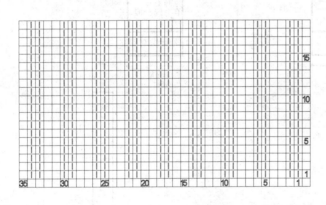

□=□ 双罗纹编织花样

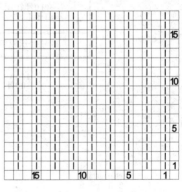

□=□ 单罗纹

大气配色长裙

【成品规格】衣长70cm，胸围88cm，袖长37cm
【工　　具】10号棒针、12号棒针
【编织密度】23针×25行=10cm²
【编织材料】黑色丝毛线450g，段染马海毛100g

1. 后片：用黑色线12号针织双罗纹，上面用段染马毛和黑色羊毛合股织平针，因为有马毛所以用针适当粗一些，使毛面更丰富。

2. 前片：同后片。

3. 袖：从下往上织，罗纹针用黑色线织，上面同身片。

4. 领：织黑色；沿领口挑针织双层领边，上面织双罗纹15cm。

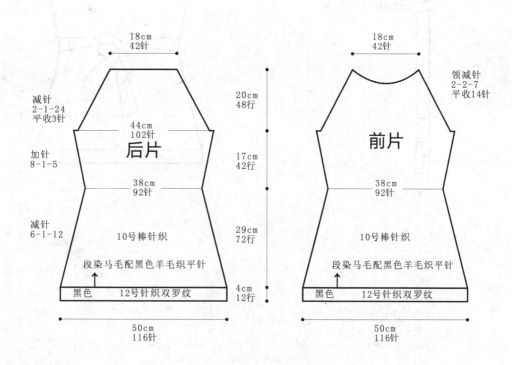

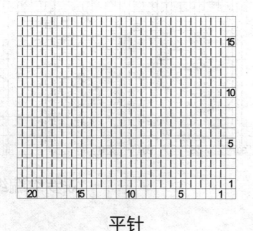

平针

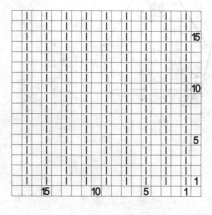

□=□ 单罗纹

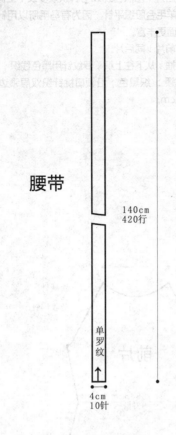

腰带

140cm
420行

单罗纹
↑

4cm
10针

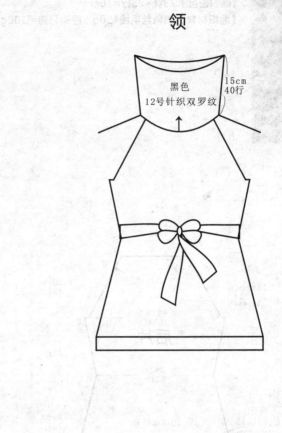

领

15cm
40行

黑色
12号针织双罗纹

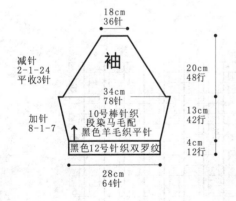

18cm
36针

减针
2-1-24
平收3针

袖

20cm
48行

34cm
78针

10号棒针织
段染马毛配
黑色羊毛织平针
↑

13cm
42行

加针
8-1-7

黑色12号针织双罗纹

4cm
12行

28cm
64针

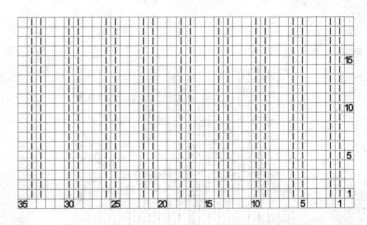

15

10

5

1

35   30   25   20   15   10   5   1

□=□   双罗纹编织花样